助你打造易瘦體質，雕塑緊實身材

「肥壯肌」退散！

肌肉排毒美體法

美體沙龍Sorridente
南青山代表

小野晴康 著

前言

　　明明都吃一樣的食物、做一樣的運動，但有些人不用花太多力氣就能瘦下來，而有些人再怎麼控制飲食與運動，還是很容易發胖。這到底是為什麼呢？其中的差異就在於肌肉。

　　從擔任物理治療師的時期直到現在，我已替許多顧客或患者進行治療，治療對象不只有一般民眾，更有模特兒、女演員與運動員。在這麼多的治療對象之中，我發現容易變瘦的人都擁有柔韌富彈性的肌肉，而容易變胖的人肌肉則僵硬緊繃。

　　我們身上的肌肉並不是一出生就是現在的模樣，是生活當中的不良習慣造就了現在的肌肉狀態。尤其是現代社會，使用智慧型手機已是日常生活的一部分，大部分的人都過度拉伸後頸、背部等部位的肌肉，而胸部與腹部等部位的肌肉則是硬梆梆的。因為這樣，我們才會有凸肚、雙腿粗壯、手臂粗壯、身材魁梧等令人煩惱不完的問題。

　　不過，既然造成這些煩惱的肌肉狀態不是天生的，那我們的身體就一定有辦法改變。

　　我要介紹一種可以很有效率改變身體的方式，那就是「『肥壯肌』退散！肌肉排毒美體法」。關於肌肉排毒的內容，將在之後進行詳細說明。透過肌肉

排毒的方式放鬆肌肉，首先會改變我們的姿勢，接著身體的代謝也會變好，因此就容易瘦下來。而且，也有機會進一步讓我們想要瘦身的部位變得更緊實。

我們身上緊繃僵硬的肌肉就是所謂的「肥壯肌」，這些肌肉的狀況因人而異。而這些「肥壯肌」造就了我們現在的身材，所以只要我們去放鬆、推開這些肥壯肌，就可以打造出易瘦體質，離理想中的身材更近一步。而且，還有不少人在進行肌肉排毒之後，原本的肩頸痠痛、便祕等毛病也都迎刃而解。

美體沙龍Sorridente南青山於2021年迎接開業15周年，非常感謝至今為止蒞臨蔽院的眾多顧客為我們證明了肌肉排毒的效果。當然，即使沒有在本院進行肌肉排毒按摩，只要參考本書介紹的方法，自己按摩身上的「肥壯肌」，還是可以靠自己的力量讓身體煥然一新。

「肌肉排毒美體法」一共只有3個步驟，一點都不困難，請各位從自己最想瘦身的部位開始做起。希望各位都能體驗到透過肌肉排毒改變身體的那份喜悅。

小野晴康

Contents

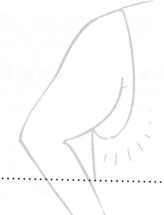

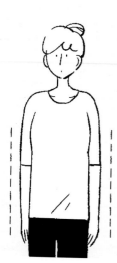

懶人也能堅持下去，全身上下瘦一圈！

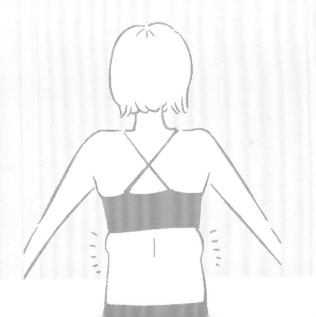

推開「肥壯肌」，打造柔韌有彈力的肌肉。
從開始進行按摩的那一天起，
你的身體將煥然一新。

「肌肉排毒美體法」的基本

什麼是「肌肉排毒美體法」？

為什麼肌肉排毒可以瘦身？

本章節將從各方面一一回答這些基本的疑問。

只要知道變漂亮的原理，就會更有前進的動力。

何謂
「肌肉排毒美體法」?

本書介紹的「肌肉排毒美體法」,即是推開「肥壯肌」按摩法。

「肌肉排毒美體法」的英文為「Myo-Drainage」,「Myo-」指「肌肉」,「Drainage」則是指「排毒、排出老舊廢物」,合起來即是**替肌肉排毒的按摩法**。

這種**沿著肌肉走向(肌纖維的走向)的強力按摩**,能一邊放鬆我們的肌肉與筋膜,一邊破壞肥大的脂肪細胞。替肌肉進行排毒(讓好的肌肉細胞再生),可以提升身體的代謝率,並鍛鍊出「瘦身肌」,同時也讓脂肪細胞恢復至正常大小。

肌肉排毒美體法有別於以往的按摩,是**根據物理治療的理論以及臨床經驗發展出的按摩療法**。

換句話說,肌肉排毒美體法不只是單純的按摩手法,更可以說是一種治療法。

Point

「肥壯肌」的特質是容易上當受騙。

讓肥壯肌誤以為「按摩帶來的刺激」

是「訓練肌肉的運動」！

專門進行肌肉排毒美體法的沙龍，都會告訴客人「不需要做激烈的運動」。因為，只要靠著肌肉排毒美體法刺激身上的肌肉，這些肌肉就會以為身體正在做訓練肌肉的運動。

Point

身體從第3天左右就會

重新長出好的肌肉細胞！

反覆的強力刺激可以破壞老化的肌肉細胞，所以身體本來至少要花3個月才能長出新的細胞，但在肌肉排毒美體法的幫助之下，第3天左右就會開始出現變化。提升細胞重生的速度，也能讓肌肉細胞的品質變得更好！

Point

一邊刺激肌肉，

一邊放鬆「筋膜」！

我們身上的肌肉，覆蓋著一層像緊身衣一樣的薄膜，那層薄膜就是所謂的筋膜。若是筋膜緊繃僵硬，也會影響到底下的肌肉，使肌肉變得不靈活，進而降低身體的代謝率。因此我們在放鬆肌肉時，也必須同時放鬆筋膜。

進行「肌肉排毒美體法」之後，會有什麼改變？

1. 瘦身

原因 **截斷脂肪細胞的養分輸送管道**

沿著肌肉走向進行強力刺激的按摩，不僅可以放鬆肌肉與筋膜，還能阻斷通往脂肪細胞的營養輸送管道（細胞外基質）。當肥大化的脂肪細胞再也得不到養分時，這些營養不足的脂肪細胞自然就會衰亡，然後重新長出正常的脂肪細胞。

理由 **肌肉在柔韌的狀態下再生，提升身體的代謝**

破壞老化的肌肉細胞，並放鬆僵硬緊繃的肌肉，可以讓身體長出優良且柔韌的肌肉細胞。而且由柔韌的肌肉長出新的肌肉細胞，還可以提升身體的代謝率，也就能夠打造出不易發胖的體質。

2. 改善身體不適

理由 肌肉狀態變好以後，血液循環與淋巴循環也會改善

　　大部分的身體不適，都是由於血管與淋巴管被僵硬緊繃的肌肉壓迫，導致血液與淋巴的循環變差所引起的。所以只要讓肌肉放鬆，改善肌肉的狀態，血液循環與淋巴循環自然也會變好。

何謂優質又柔韌的肌肉

最理想的就是肌肉與筋膜狀態俱佳的「小里肌肉」（菲力）

請各位想像一下柔韌且營養均衡的小里肌肉。各位覺得自己現在的肌肉是怎樣的狀態呢？

NG

霜降肉
筋膜雖軟，
但肌肉內的脂肪較多。

NG

大里肌肉
筋膜緊繃又僵硬，
因此營養多位於皮下組織。

NG

腱子肉
鮮少有活動的機會，
所以肌肉和筋膜都很僵硬。

3. 雕塑身體曲線

理由 當緊縮的肌肉放鬆之後，原本被肌肉拉扯的關節與骨骼也會回到原本的位置

以〇型腿為例。有〇型腿的人，是因為長期走路姿勢不良，導致腿部的骨骼被向外發展的肌肉拉扯。只要澈底放鬆腿部外側的肌肉，讓肌肉不要繼續把骨頭往外拉，〇型腿的問題便能獲得改善。由於我們的骨骼會不停地再生，所以只要腿骨不再被肌肉拉扯，自然就會回歸正常的位置。

國字臉的問題也是一樣，咬牙等不良習慣，都是造成國字臉的原因。下顎兩側的骨頭一直被肌肉往外拉，臉看起來就會又方又大，所以只要肌肉不要繼續拉扯下顎兩側的骨頭，國字臉的問題自然也會解決。

別覺得自己天生就是這樣而自暴自棄！

肌肉改變了，臉蛋與身材也會改變

〈O型腿〉

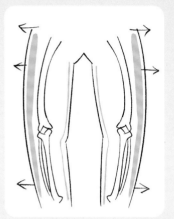 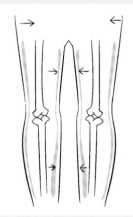

當走路姿勢不良等原因，導致腿部外側的肌肉緊繃僵硬時，腿骨就會被肌肉往外拉。

只要放鬆腿部外側的肌肉，讓肌肉不再緊繃僵硬，腿骨就不會被往外拉了。

〈國字臉〉

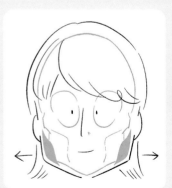 

習慣咬牙等原因，會造成臉頰兩側的咀嚼肌肥大，下顎兩側的骨頭也會被肥大的咀嚼肌往外拉。

只要放鬆咀嚼肌，使咀嚼肌恢復原有的彈力，就可以解決下顎兩側的骨頭被向外拉扯的問題。

聽起來不是很好懂，整理之後大概是這樣的感覺

脂肪細胞　　　　　　　　　　肌

「肌肉排毒美體法」（沿著

```
        ▼                          ▼
┌─────────────────┐      ┌─────────────────┐
│ 破壞通往肥大脂肪細 │      │ 破壞老化的肌肉   │
│ 胞的營養輸送管道   │      │ 細胞            │
│ （細胞外基質）     │      │                │
└─────────────────┘      └─────────────────┘
```

```
                 ▼
        ┌─────────────────┐
        │ 原本要輸送給肥大脂 │
        │ 肪細胞的養分，就會 │
        │ 轉送給肌肉細胞     │
        └─────────────────┘
```

```
┌─────────────────┐
│ 重新長出正常的脂肪 │
│ 細胞            │
│     瘦身        │
└─────────────────┘
```

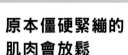 肉　　　　　　　　　 筋膜

肌肉走向強力按壓的按摩法）

▼ ▼

原本僵硬緊繃的
肌肉會放鬆

原本僵硬緊繃的
筋膜會變柔軟

▼

被硬梆梆的肌肉、筋膜拉扯的關節與
骨頭都會回到正確的位置

雕塑身體曲線

肌肉排毒
（重新長出優良且柔韌
的肌肉細胞）

▼

代謝變好　　　**瘦身**

血液循環、淋巴循環變好

改善身體不適

「肌肉排毒美體法」只要3個步驟

Step 1
按壓凹窩

使勁壓！

在我們身體的鎖骨、腋下等部位，都存在著「窩」，這些凹陷的窩都包覆著肌肉的起點與止點、神經、粗血管。其中，跟美體瘦身特別有關係的，就是所謂的「身體7大窩」（參考P22）。想要瘦哪個部位，就按壓與該部位有關係的凹窩，這樣在從源頭放鬆肌肉的同時，也能促進神經傳導與血液循環。

Step 2
揉捏肌肉

用力捏！

反覆地揉捏我們想要減肥的部位，用力掐一掐囤積在這些部位的脂肪。想像一下用力掐碎脂肪團的樣子。揉捏肌肉的動作可以捏散已形成橘皮組織狀的肥大脂肪，並使潰散的脂肪更容易隨著血液流動，不易囤積在這些部位。

專注地推開
緊繃的肌肉

Step **3**

推壓肌肉

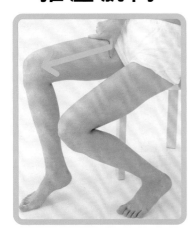

　　使用痛得很舒服的力道，沿著肌肉走向用力推一推我們想要瘦身的部位。筋膜是包覆著肌肉與細胞的薄膜，透過推擠肌肉來矯正扭曲緊繃的筋膜，同時也把緊繃僵硬的「肥壯肌」改造成優質又靈活的「瘦身肌」，幫助肌肉重生。

檢視身體肌肉的斷面

我們就用身體肌肉的斷面圖，來看看這3個步驟的力道程度吧。
①「按壓凹窩」是從垂直的方向給予肌肉刺激。
②「揉捏肌肉」是針對脂肪。
③「推壓肌肉」是先對肌肉進行刺激，讓刺激深達肌肉組織以後，再直接按著肌肉往前推。

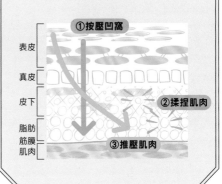

表皮
真皮
皮下
脂肪
筋膜
肌肉

①按壓凹窩
②揉捏肌肉
③推壓肌肉

範例

瘦腹部

按壓凹窩

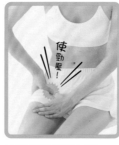 ＋

按壓鼠蹊部與心窩
按壓鼠蹊部，刺激連接骨盆與大腿骨的髂腰肌，促進腹部的血液循環與淋巴循環。按壓心窩，幫助我們進行深呼吸，有助於燃燒腹部周圍的脂肪。

瘦臀部 & 瘦大腿

按壓凹窩

髂腰肌是連接骨盆與大腿骨的肌肉，長時間久坐會使這塊肌肉變得硬梆梆。按壓髂腰肌，可以促進下半身的血液循環。

▶ Step 2 — 揉捏肌肉

稍微用力地捏起兩側腰部的贅肉，讓肌肉進入更容易燃燒脂肪的狀態。

▶ Step 3 — 推壓肌肉

雙手握拳，放在心窩處。從心窩處用力往下推壓腹部的肌肉，一直推到鼠蹊部的位置，把肌肉內的脂肪全部推出來。

▶ Step 2 — 揉捏肌肉

為了讓大腿與屁股之間不清不楚的交界形成曲線分明的臀線，要反覆用力捏起下垂的贅肉。用力地把整個屁股都捏過一遍吧。

▶ Step 3 — 推壓肌肉

大腿後側的肌肉僵硬，就會把屁股的肌肉往下拉，不只造成屁股下垂，也會讓大腿顯得粗壯。用力推壓大腿後側的肌肉，讓硬梆梆的肌肉放鬆下來。

詳細內容自 P46 起

「肌肉排毒美體法」的基本是身體7大窩

肌肉排毒美體法特別注重的，是這7個部位的凹陷處。
這7個凹陷處匯集了許多塊肌肉的起點與止點。
而且，還有粗血管、負責過濾淋巴的淋巴結以及神經。
當我們覺得這7個部位變得硬梆梆，
也感到疼痛的時候，就表示肌肉僵硬緊繃、浮腫。
只要按壓這些部位，就可以打造出易瘦體質。

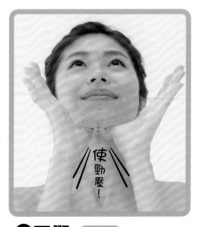

❶下顎 二腹肌

臉部線條鬆垮、嘴角下垂、臉部浮腫的話就推一推這裡。

❷鎖骨 胸鎖乳突肌、斜角肌

臉部肌肉下垂、膚色黯沉，都是因為這裡堵塞。最理想的鎖骨狀態，是手指抵住鎖骨凹陷處時，約可往下陷入約一個指關節的程度。

❸ 腋窩 肩胛下肌、前鋸肌
　 腋窩前側 胸大肌、胸小肌

腋窩以及腋窩前側，都覆蓋著一層又一層與胸部、肩膀相連的肌肉。其實在雕塑腰部曲線時，這兩個部分也是重點所在。按壓這裡，能改善肩頸痠痛的問題。

❹ 心窩 橫膈膜

要對付脂肪過多的問題，按壓這裡最有效。刺激位於心窩處的橫膈膜，可以幫助我們進行深呼吸，進而提升燃燒脂肪的效果。體內最粗的血管（腹主動脈與下腔靜脈）會受到刺激，幫助我們打造出不易水腫的身體。

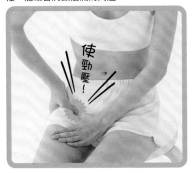

❺ 鼠蹊部 髂腰肌

長時間久坐的人，鼠蹊部都會變得硬梆梆。下半身肥胖、嚴重水腫的人，一定要按壓鼠蹊部。

❻ 臀部 臀中肌、臀大肌、梨狀肌

雙臀微靠外側的部分，有個部位叫「臀窩」，這裡的肌肉會影響到骨盆的傾斜程度。

❼ 膝窩 膕肌、蹠肌

若要讓小腿肚的肌肉放鬆、變軟，就要按壓這個部位。淋巴與血液循環不良是造成下肢水腫的原因，只要按壓膝窩，就能改善淋巴循環與血液循環。

按壓這裡！

記住！
提升效果的重點

Point

• 使用痛得很舒服的力道，刺激深層的肌肉

• 重複做愈多次，效果愈好

• 在腦海裡想像肌肉圖

何謂痛得很舒服的力道？

差不多
是按壓時會
不自覺地喊出
「好痛」的力道

以手指摸得到骨頭的強勁力道
按壓，可以刺激到深層的肌肉。

剛開始可能會覺得有一點疼
痛，但在持續按摩的過程中，這
種「疼痛」感就會轉變成「舒
服」的感覺。而那就是肌肉變得
更容易瘦下來的證據。

重複做愈多次，效果愈好

　　當肌肉受到強力的刺激時，肌肉會變得又緊又硬，保護自己不被破壞。

　　但同樣的刺激一直持續下去的話，肌肉就會覺得就算變得更緊繃僵硬也徒勞無功，於是放棄抵抗，變得柔軟。

　　當我們重複愈多次按摩，肌肉就會放棄抵抗，變成柔軟的狀態，我們施加的壓力就因此能夠通往更深層的肌肉。

在腦海裡想像肌肉圖

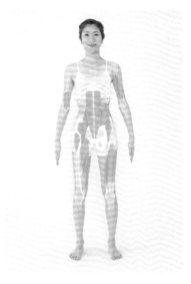

　　尤其是在做STEP ③「推壓肌肉」的時候，更要注意肌肉的走向。

　　這樣可以有效率地把肌肉當中的脂肪推出來，以最快的速度改善肌肉狀態。

本書主要介紹的 「肥壯肌」

※ 肌肉為左右對稱。
※ 黃色螢光部分是基本的「身體7大窩」(參考P22)

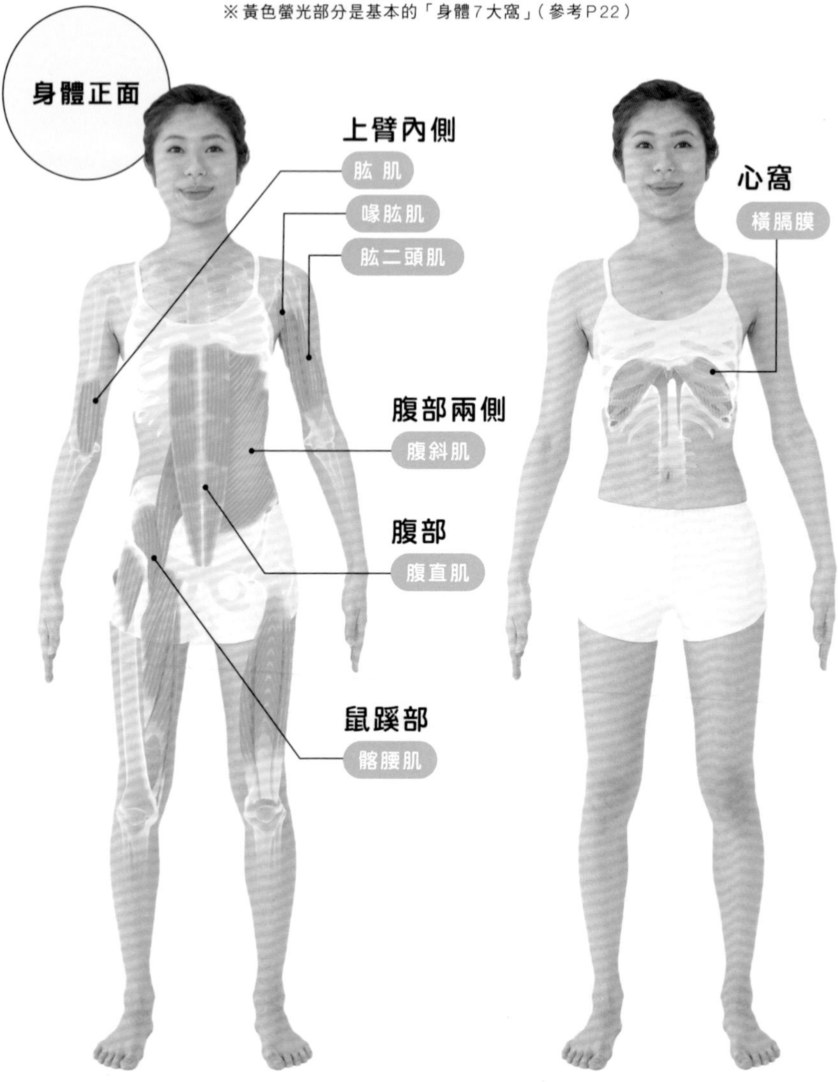

身體正面

上臂內側
- 肱 肌
- 喙肱肌
- 肱二頭肌

腹部兩側
- 腹斜肌

腹部
- 腹直肌

鼠蹊部
- 髂腰肌

心窩
- 橫膈膜

身體側面

腋窩前側
- 胸大肌
- 胸小肌

腋窩
- 肩胛下肌
- 前鋸肌

臀部
- 闊筋膜張肌

大腿前側
- 股四頭肌

大腿內側
- 內收肌群

身體背面

臀部
- 臀中肌
- 臀大肌
- 梨狀肌

大腿後側
- 大腿後肌

膝窩
- 膕肌
- 蹠肌

小腿肚
- 比目魚肌
- 腓腸肌

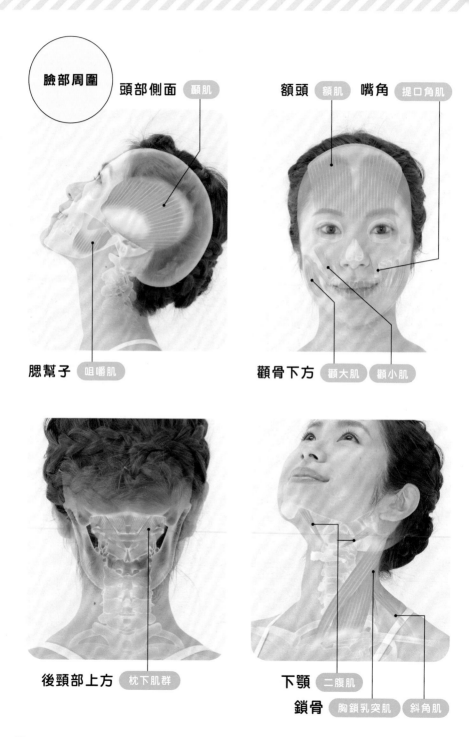

臉部周圍

頭部側面 顳肌

額頭 額肌　嘴角 提口角肌

腮幫子 咀嚼肌

顴骨下方 顴大肌 顴小肌

後頸部上方 枕下肌群

下顎 二腹肌

鎖骨 胸鎖乳突肌 斜角肌

Point

- •「肥壯肌」＝容易僵硬緊繃的肌肉
- • 放鬆的重點部位在身體的「正面」

　　許多按摩都是從背後開始進行，而「肌肉排毒美體法」則剛好相反。我們要按摩的部位是主要都在身體的正面，例如：腹部、前腿或前臂等等，按摩這些部位比按摩背部更重要。

　　之所以這麼做，是因為**我們要把緊緊縮在一起的肌肉拉開。身體前側的肌肉跟後側的肌肉是前後呼應的，如果我們把已經拉開的肌肉拉得更開，緊縮的肌肉可能就會變得更緊繃。**

　　我們舉個例子，請各位想像一下駝背的姿勢。我們把背部拱起來的話，背部的肌肉就會被拉開，而腹部的肌肉則會縮緊，對吧？

　　按摩背部已經被拉開的肌肉，只是讓我們覺得很舒服而已，但如果是按摩腹部的肌肉，拉開的肌肉跟縮緊的肌肉之間就會形成良好的伸縮平衡，讓肌肉處在不會過度用力的狀態。

懶人也能堅持下去，全身上下瘦一圈！
7 天挑戰

假如不曉得該怎麼做才好，那就先來挑戰一下 7 天美體計畫！這裡會介紹能一邊放鬆緊繃肌肉，調整身體狀態，一邊打造易瘦體質的「肌肉排毒美體法」。

Day 2
[星期二]

消除下半身的水腫，
擺脫浮腫的雙腿

Day 1
[星期一]

練習深呼吸，
打好易瘦體質
的基礎

按壓凹窩

前半個星期
就只要做簡單的
「按壓凹窩」

根據自己的狀況
與步調，挑選自己
想按摩的部位

自行選擇

Day 7
[星期日]

可以休息一天，也可以繼續
按摩自己在意的部位

※ 能夠堅持每天執行這 3 步驟的人，就可以前進

給明明知道每天堅持最重要，
卻還是沒辦法每天完成 3 步驟的你

・重要的是盡力養成每日不間斷的按摩習慣
・在不覺得勉強的範圍內進行就好！
・告訴自己「有做總比沒做好」

Day 3
[星期三]

捏一捏腹部脂肪，
擊退肥胖肚腩

Day 4
[星期四]

擊潰凹凸不平的橘皮
組織，雕塑美腿

揉捏肌肉

累積許多疲勞的
後半週，就用力
捏一捏肌肉

洗澡時悠哉地
按摩一下

Day 5
[星期五]

改善臉部與胸頸
處的循環，打造
瓜子臉

按壓肌肉

Day 6
[星期六]
善用入浴時間，放鬆身體最容易
緊繃的 3 個部位

到 P 39 起的［局部瘦身計畫］、P 77 起的［雕塑全身曲線］！

練習深呼吸，
打好易瘦體質的基礎

一旦習慣彎腰駝背，身體正面的肌肉就會一直呈現緊縮的狀態，呼吸也會變得淺短。所以要按壓腋窩前側與橫膈膜，放鬆與呼吸有關的肌肉。當呼吸變深，就能促進身體的新陳代謝，更容易燃燒脂肪。

使勁壓！

左右
各3處
×3次

按壓心窩

橫膈膜

雙手的手指抵住肋骨下緣，上半身稍微往前傾，一邊吐氣，一邊用手指按壓肋骨邊緣，然後再一邊挪動手指，一邊按壓照片中的3個位置。重複此動作3遍。

使勁壓！

左右
各3次

按壓腋窩前側的凹處

胸大肌、胸小肌

右手抓住左側腋窩，就像用左側腋窩夾著右手的四隻手指頭一樣，然後用右手大拇指按壓腋窩前側共3次。再以同樣的方式按壓右側。

Day2
[星期二]
按壓凹窩

消除下半身的水腫，
擺脫浮腫的雙腿

雙腿受到地心引力的影響，是全身上下最容易水腫的部位。本頁介紹的這3個凹窩，影響著下半身的血液循環、淋巴循環以及神經傳導。平時多按壓這3個點，即使坐了一整天，雙腿也不容易水腫。

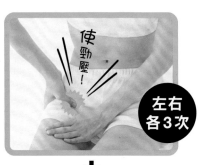

左右
各3次

按壓鼠蹊部的凹處

髂腰肌

把雙手的大拇指疊放在右腿的鼠蹊部中央，像是要把身體的重量都施加於此一樣，以大拇指按壓此處3次。以同樣的方式按壓左腿。

+

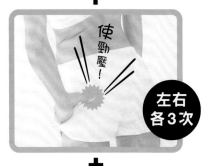

左右
各3次

按壓臀窩

臀中肌、臀大肌、梨狀肌

用左手的大拇指抵住左臀中央的臀窩，就像要把身體往後仰一樣，將身體的重量施加在大拇指，用大拇指按壓此處3次。以同樣的方式按壓右側。

+

左右
各3次

按壓膝窩

膕肌、蹠肌

／ 按這裡！

把雙手的大拇指疊放在左腿的膝窩，就像要把膝蓋往上頂起一樣，用大拇指按壓此處3次。以同樣的方式按壓右腿的膝窩。

捏一捏腹部脂肪，
擊退肥胖肚腩

腰間的大肚腩讓人介意不已。讓我們一起捏一捏胃部上方的贅肉，把上腹部、小腹、腹部兩側、後腰部等自己在意的部位，通通都揉捏過一遍，刺激這些部位的肌肉，讓肚子小一圈吧。

揉捏上腹部的贅肉

雙手用力捏住胃部上方的贅肉，再緩緩地把肉捏起來。一邊慢慢地改變雙手的位置，每個地方都揉捏10次。

揉捏腹部兩側的贅肉

雙手用力捏住腹部兩側的贅肉，再緩緩地把肉捏起來。一邊慢慢地改變雙手的位置，每個地方都揉捏10次。要全面刺激腹部兩側的贅肉，不能放過任何一處。

Day 4 [星期四]
揉捏肌肉

擊潰凹凸不平的橘皮組織，雕塑美腿

就像橘子外皮一樣凹凸不平的橘皮組織，其實就是巨大的脂肪團塊。擊潰腿部的橘皮組織，才能打造出零贅肉的修長美腿。

揉捏大腿內側的肉

雙手用力握住右大腿內側的肉，再緩緩地把肉捏起來。慢慢地挪動雙手的位置，把整個大腿內側的肉都揉捏過一遍，共捏 10 次。以同樣的方式揉捏左大腿。

+

揉捏阿基里斯腱

左手用力握住阿基里斯腱的上方，再緩緩地把肉捏起來。一邊慢慢地挪動手的位置，一邊把整個小腿肚都揉捏過一遍，共捏 10 次。以同樣的方式揉捏右小腿肚。

Day5
[星期五]
推壓肌肉

改善臉部與胸頸處的循環，打造瓜子臉

想要擁有瓜子臉，與其直接按摩臉部，針對頸側與下顎下方才是更快的捷徑。只要推一推頸部與下顎，臉部的水腫問題就能得到改善，做完一遍即可感覺到臉部的變化。這個按摩方式對於下垂鬆弛的下顎線條也非常有幫助。

左右各5次×2遍

往下推壓頸側

胸鎖乳突肌、斜角肌

頭輕輕地往右歪，並用左手大拇指抵住左耳下方。用力按住這個點，往鎖骨的方向推壓5次。以同樣的方式右側頸部，左右各做2遍。

+

5次×2遍

向上推提下顎線條

二腹肌

頭微微抬起，並把雙手的大拇指抵住下顎骨下方的凹處。用力按住這個點，並往耳朵下方推壓5次。重複做2遍。

Day6
[星期六]
推壓肌肉

善用入浴時間，放鬆身體
最容易緊繃的這3個部位

結束一天的行程之後，推一推這3個最容易緊繃的部位，讓肌肉維持在良好的狀態。養成在洗澡時、泡澡時進行「肌肉排毒美體法」的習慣。

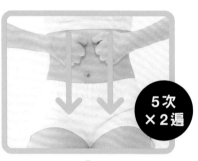

5次
×2遍

往下推壓腹部

腹直肌

雙手輕輕握拳，抵在肋骨下方。拳頭用力擠壓此處，同時往下腹部的方向推5次。重複2遍。

+

左右
各5次
×2遍

往下推壓腹部兩側

腹斜肌

左手輕輕握拳，抵在左胸側邊。拳頭用力擠壓此處，同時往鼠蹊部的方向推壓5次。以同樣的方式推壓左側腹部，左右邊各做2遍。

+

左右
各5次
×2遍

往下推壓小腿肚

小腿肚

左手抓住左邊小腿肚的側邊，用力往腳踝的方向推壓。做完5次之後，以同樣的方式推壓右邊小腿肚，左右各做2遍。

可以休息一天，也可以繼續按摩自己在意的部位

覺得每天按摩有點麻煩的話，第7天休息一下也沒關係！也可以繼續加強自己在意的部位，或是再重新認識一次肌肉的位置，確認自己有沒有按對地方。

懶人程度 ★★★★

放假就
什麼都不想做……

➡ 放心休息沒問題！

我們的目標是長期持續進行，所以稍微休息一天是沒關係的。假如這麼做可以讓自己繼續堅持下個星期的按摩，那麼休息當然比不休息更好。

懶人程度 ★★★☆

覺得有點懶……

➡ 輕斷食＋暖身

只吃一餐讓腸胃休息一下，或吃一些熱呼呼的食物等等，這一天就稍微調整飲食，促進腸胃代謝。其實內臟的代謝率跟肌肉的代謝率是差不多的。

懶人程度 ★★★☆☆

還是稍微做一下吧

➡ 再按摩一遍自己在意的部位

星期一～五在按摩的時候，如果覺得有「肌肉特別僵硬的部位」、「最疼痛的部位」，那就再把這幾個部位重新做一遍。

懶人程度 ★★☆☆☆

反正沒事，好像可以做點什麼

➡ 把星期一～五的按摩做過一遍

可以把全部的按摩動作都做過一遍，確認肌肉的位置等等。養成了按摩的習慣，做起來就會更加輕鬆。

懶人程度 ★★☆☆☆

難得有多的時間，
就再多做一點

➡ 追加以按壓為主的半身美體按摩

在這星期的最後一天，就以按壓為主的半身美體按摩（參考P64）來收尾，打造美體曲線。改善胸部周圍的血液循環，可以促進身體排出老舊物質，雕塑出更棒的胸部曲線。

懶人程度 ★☆☆☆☆

想要快點看見成果！

➡ 追加局部瘦身計畫

「10天之後有活動，一定要在那之前瘦下來！」如果想要快點看到成果，那就要集中火力進行「局部瘦身計畫」。

局部瘦身計畫

「肌肉排毒美體法」能針對特定部位的肌肉

進行局部刺激，所以我們就可以

重點加強自己想瘦的部位。

針對自己在意的部位選擇局部瘦身計畫，

一起來挑戰局部瘦身吧。

也能跟著平時做的按摩計畫一起進行！

不過在那之前，應該要先知道這些

脂肪囤積在這些部位
都是有原因的

脂肪囤積的原因 ①

筋膜變硬

膠原蛋白是維持肌膚彈性的關鍵之一，而筋膜與膠原蛋白一樣都是由纖維構成，且具有容易硬化的特質。一旦筋膜變得僵硬，底下的肌肉也會受筋膜的拉扯，被限制住活動，因此肌肉周圍的血液循環就會變差，新陳代謝也會下降。

最重要的一點，是只要身體有一部分的筋膜變僵硬，就會影響到全身上下的筋膜與肌肉。所以若是放著僵硬緊繃的筋膜不管，全身的新陳代謝就愈容易變差，也就愈容易變胖。

請想像一下穿上緊身衣的模樣。拉住緊身衣的任何一個地方，不只會扯動這個部位，更會影響到全身上下的緊身衣。同樣的道理，放著某處僵硬的筋膜不管，最後就會影響到全身的筋膜。

脂肪囤積的原因 ❷

肌肉僵硬緊繃

　　人類的細胞周圍存在著所謂的「細胞外基質」，是負責將養分運送給各個細胞的組織。體內的養分會經由細胞外基質到達脂肪、肌肉、肌膚等各個部位，**可是一旦筋膜或肌肉緊繃僵硬，導致血液循環不良時，這些養分就到達不了肌肉或肌膚。**

　　那麼，這些養分都去哪裡了呢？沒錯，就是脂肪。就這樣，體內的養分通通轉送脂肪細胞，脂肪細胞變得愈來愈大，於是就形成了易胖體質。

Point

筋膜跟肌肉變得硬梆梆的話，

原本要提供給肌肉的養分就會通通跑到脂肪！

當體內的養分無法平均地提供給脂肪細胞、

肌肉細胞、皮膚細胞等各個細胞，

我們就無法維持穠纖合度的身材。

從現在開始做起，

立即打破只有脂肪細胞不停增大的惡性循環！

姿勢不良

現代女性有90％的姿勢不良都是駝背與骨盆前傾。以駝背為例，請各位想像一下駝背的姿勢。**當背部拱起的時候，背部的筋膜與肌肉就會被拉開，而肚子的筋膜與肌肉則會縮在一起，對吧？** 如此一來，拉開的背部肌肉與緊縮的腹部肌肉就會拉扯著全身上下的肌肉，破壞全身肌肉的收縮平衡，導致愈來愈難找回正確的姿勢。

而原本僵硬緊繃的腹部筋膜與肌肉也會變得更嚴重，導致全身的血液循環不良，結果原本應該要提供給肌肉細胞的養分就這樣全部轉送給脂肪細胞……。姿勢不良可謂是百害而無一利！請各位照一照鏡子，檢視一下自己的姿勢，把不良的姿勢通通改掉吧！

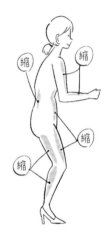

只要放鬆手臂前側、腹部、腰部、大腿、小腿肚的緊繃肌肉，原本因為過度伸展而失去彈力的背部肌肉就會適當地收縮，姿勢不良的問題便能獲得改善。

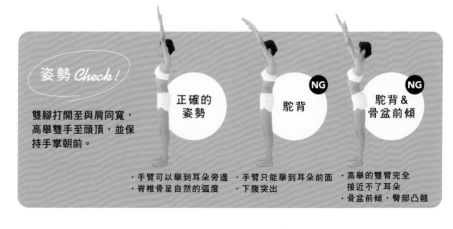

姿勢 *Check!*

雙腳打開至與肩同寬，高舉雙手至頭頂，並保持手掌朝前。

正確的姿勢

駝背 **NG**

駝背 &
骨盆前傾 **NG**

・手臂可以舉到耳朵旁邊
・脊椎骨呈自然的弧度

・手臂只能舉到耳朵前面
・下腹突出

・高舉的雙臂完全接近不了耳朵
・骨盆前傾，臀部凸翹

脂肪囤積的原因 ❹

呼吸淺快

　　各位注意過自己的橫膈膜嗎？橫膈膜是位於肋骨下方的薄膜狀肌肉，是掌管人體呼吸的重要肌肉。不過，當我們感到壓力、覺得焦慮的時候，橫膈膜的肌肉收縮就會變差，進而導致呼吸變淺。**呼吸太淺的時候，也會減少身體獲得燃燒脂肪的必要條件──氧氣**。身體獲得的氧氣量減少，我們身體的新陳代謝就會變差。

　　駝背的姿勢也會造成橫隔膜的肌肉收縮狀況變差。本書當中一直出現按摩橫膈膜的動作，就是因為放鬆橫膈膜的肌肉對於現代人而言非常重要。

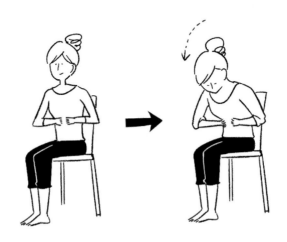

覺得自己的呼吸太淺的話，那就按一按自己的橫膈膜吧。把雙手的手指放在肋骨最下方的邊緣，一邊吐氣一邊把身體往前傾。覺得不舒服的話，就不要再繼續壓。

年紀增加

　　肌肉的成長高峰期是在20歲初。過了20歲初以後，要是什麼保養都不做的話，身體的肌肉就會日漸衰老；據說過了30歲之後，每年的新陳代謝率都會下降1％；一旦過了40歲，女性體內的女性激素也會發生改變，導致肌肉變得更僵硬緊繃。

　　想要減緩肌肉衰老速度的話，每天一定都要刺激一下肌肉與脂肪，那怕只是輕微的刺激，也比什麼都不做來得好。另外，在新陳代謝旺盛的20幾歲，我們只要「按壓」身體的凹處，就能放鬆緊繃的肌肉；而容易囤積脂肪的30幾歲，則要靠「揉捏肌肉」的刺激來對付脂肪；到了肌肉硬梆梆的40幾歲，就要把重點擺在「推壓肌肉」的按摩動作。

Point

・20幾歲的人就「按壓凹窩」

用力地按一按P22介紹的「基本7大窩」。

・30幾歲的人就「揉捏肌肉」

想像一下把痠痛處的肌肉連同脂肪一起捏碎。

・40幾歲的人就「推壓肌肉」

沿著肌肉的走向推壓肌肉，把裡面的脂肪通通擠出來。

脂肪囤積 MAP

這5個部位是我們身體容易囤積脂肪的部位，
同時也是肥大的脂肪細胞最容易形成橘皮組織的
部位。請各位利用局部瘦身計畫，集中火力對付
自己在意的部位吧。

上臂

上臂內側的肌肉鬆弛，是
由於手臂前側的肌肉與胸
部的肌肉變僵硬緊繃。

臀部

長時間久坐的人尤其要
注意，久坐會導致臀部
的血液循環變差，容易
形成橘皮組織。

腹部

當腹部的肌肉僵硬緊
繃，且背部的肌肉過度
伸展，脂肪就會囤積在
腹部。

膝窩

肌肉會隨著年齡增加而變僵
硬，進而導致老廢物質與脂
肪囤積在體內，因此我們必
須對肌肉進行刺激。

大腿

就算是體型纖瘦的人，
大腿內側一樣容易形成
橘皮組織。

就用下頁開始介紹的肌肉排毒美體法來按摩吧！

腰部
Waist

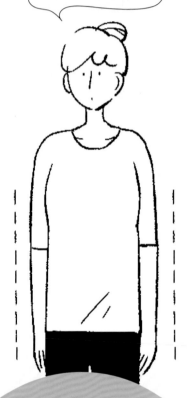

整個腰部都是脂肪，完全沒有腰線…

Step 1

按壓凹窩

使勁壓！

左右各3次

鼠蹊部 （髂腰肌）

雙手大拇指疊放在鼠蹊部中央，用力按壓此處，就像把身體的重量全部施加於此。

+

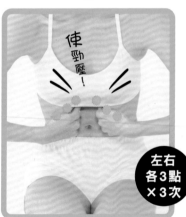

使勁壓！

左右各3點×3次

心窩 （橫膈膜）

雙手的手指抵住肋骨下緣，上半身稍微往前傾，然後一邊吐氣，一邊按壓肋骨邊緣，換個位置繼續按壓，接著再換一次位置繼續按壓（左右各3個點）。

Point

只要讓緊縮的

腹部肌肉伸展開，

就能擁有曼妙的腰線

Step 2 揉捏肌肉

用力捏！

10次

腹部兩側的贅肉

雙手用力捏住腹部兩側的贅肉，再緩緩地把肉捏起來。一邊慢慢地改變雙手的位置，每個地方都揉捏 10 次。按摩的重點在於想像著要把脂肪捏散，用力地揉捏腹部的肉。

Step 3 推壓肌肉

5次 ×2遍

腹部 腹直肌

雙手輕輕握拳，抵在肋骨下方，將腹部的贅肉往鼠蹊部的方向推。

左右 各5次 ×2遍

腹部兩側 腹斜肌

輕輕握拳，抵住胸部外側，用力地把腹部兩側的贅肉往肚臍旁邊推，每側各推 5 次。

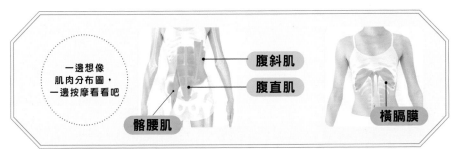

一邊想像肌肉分布圖，一邊按摩看看吧

腹斜肌
腹直肌
髂腰肌
橫膈膜

上腹部
Upper waist

胃的周圍
都是贅肉…

按壓凹窩

使勁壓！

左右
各3點
×3次

心窩 `橫膈膜`

雙手的手指抵住肋骨下緣，上半身稍微往前傾，然後一邊吐氣，一邊按壓肋骨邊緣。換個位置繼續按壓，接著再換一次位置繼續按壓（左右各3個點）。

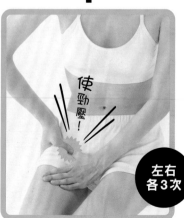

使勁壓！

左右
各3次

鼠蹊部 `髂腰肌`

雙手大拇指疊放在鼠蹊部中央，用力按壓此處，就像把身體的重量全部施加於此。

Point

把支撐內臟的肌肉

調整至良好的狀態，

才能找回平坦的肚子

揉捏肌肉

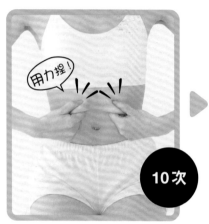

上腹部的贅肉

以胃部的上方為中心點，用力捏住這部位的贅肉，再緩緩地把肉捏起來。按摩的重點在於一邊慢慢地改變手的位置，一邊想像著把腹部的脂肪全部捏散，用力地揉捏這部分的贅肉。

推壓肌肉

鼠蹊部 髂腰肌

雙手大拇指放在鼠蹊部上方約10cm的地方。大拇指一邊出力，一邊把鼠蹊部往下推。

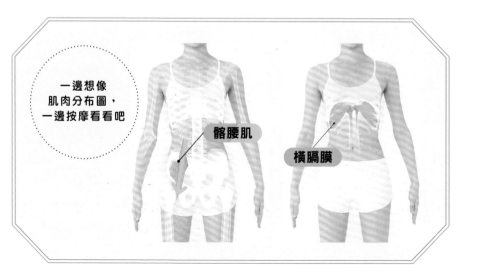

一邊想像肌肉分布圖，一邊按摩看看吧

髂腰肌

橫膈膜

下腹部
Lower abdomen

肚臍下方囤積贅肉，
小腹看起來凸凸的…

按壓凹窩

使勁壓！

左右
各3次

臀部　臀中肌、臀大肌、梨狀肌
用大拇指抵住臀部中央的臀窩，像是要把
身體往後仰一樣，將身體的重量施加在大
拇指，以大拇指的力量按壓此處。

> 溫馨
> 小提示

當臀部、大腿後側等下半身部位
的後側肌肉變得僵硬緊繃時，骨
盆就會被這些肌肉往後拉，造成
骨盆後傾、小腹下垂。所以只要
放鬆臀部與大腿後側的肌肉，骨
盆歪斜的問題就會得到改善，讓
贅肉不容易囤積在小腹。

Point

當臀部與大腿後側的肌肉

變僵硬時，身體就會

使用到腹部的肌肉，

小腹自然就往下垂

Step 2

揉捏肌肉

用力捏！

10次

腹部兩側的贅肉

雙手用力捏住腹部兩側的贅肉，再緩緩地
把肉捏起來。按摩的重點在於一邊慢慢地
改變手的位置，一邊想像著把腹部的脂肪
全部捏散，用力地揉捏腹部的贅肉。

Step 3

推壓肌肉

左右各5次×2遍

大腿後側 　膕旁肌群

輕輕握拳，抵在臀部與大腿的交界處。一
邊出力按壓，一邊把大腿後側的贅肉往膝
窩的方向推。

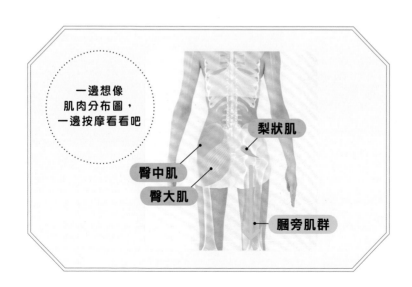

一邊想像
肌肉分布圖，
一邊按摩看看吧

梨狀肌

臀中肌

臀大肌

膕旁肌群

後腰部

Back waist

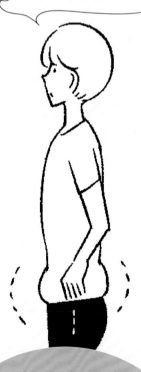

跟肚臍同高度的背部、側腰部都是贅肉…

按壓凹窩

使勁壓！

左右各3點×3次

心窩　橫膈膜

雙手的手指抵住肋骨下緣，上半身稍微往前傾，然後一邊吐氣，一邊按壓肋骨邊緣。換個位置繼續按壓，接著再換一次位置繼續按壓（左右各3個點）。

溫馨小提示

腰間掛著一圈贅肉，就像游泳圈一樣，導致腰部看起來鬆鬆垮垮的。這時就要按壓橫膈膜的肌肉，促進脂肪燃燒，並從背後揉捏腰間的脂肪。要確實推開腹部兩側的肌肉，藉此提升腰部肌肉的品質。

Point

從腋窩下方往

肚臍的方向推，

消除鬆鬆垮垮的贅肉

Step 2
揉捏肌肉

用力捏！

10次

背部的贅肉

雙手的大拇指與食指用力地捏住背後的贅肉，再緩緩地把肉捏起來。按摩的重點在於一邊慢慢地改變手的位置，一邊想像著把脂肪掐散，用力地揉捏背部的贅肉。

Step 3
推壓肌肉

左右各5次×2遍

腹部兩側　腹斜肌

輕輕握拳，抵住胸部外側，用力地把腹部兩側的贅肉往肚臍旁邊推，每側各推5次。

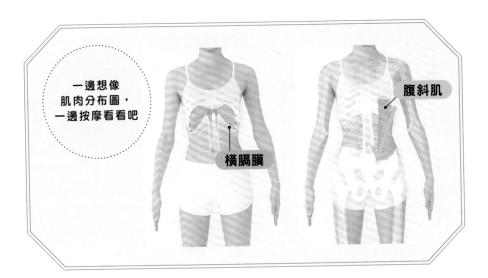

一邊想像肌肉分布圖，一邊按摩看看吧

橫膈膜

腹斜肌

背部
Back

背後的肉都被內衣
擠出來了…

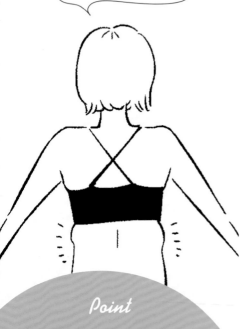

Step 1

按壓凹窩

使勁壓！

左右
各3點
×3次

心窩 橫膈膜

雙手的手指抵住肋骨下緣，上半身稍微往前傾，然後一邊吐氣，一邊按壓肋骨邊緣。換個位置繼續按壓，接著再換一次位置繼續按壓（左右各3個點）。

使勁壓！

左右
各3次

腋窩前側 胸大肌、胸小肌

用手抓住身體另一側的腋窩，並以大拇指按壓腋窩前側。

Point

放鬆身體正面緊縮的
肌肉，就能夠找回與
背後肌肉之間的平衡，
成為美背女神

▶ *Step* **2**

揉捏肌肉

用力捏！

10次

背部的贅肉

雙手的大拇指與食指用力地捏住背後的贅肉，再緩緩地把肉捏起來。按摩的重點在於一邊慢慢地改變手指的位置，一邊想像著把脂肪掐散，用力揉捏背部的贅肉。

▶ *Step* **3**

推壓肌肉

左右各5次×2遍

腋窩下方 肩胛下肌、前鋸肌

把大拇指放在另一側的腋窩下方，大拇指一邊用力按壓，一邊把腋窩下方的贅肉往乳房下緣推。

5次×2遍

腹部 腹直肌

雙手輕輕握拳，抵在肋骨下方，將腹部的贅肉往鼠蹊部的方向推。

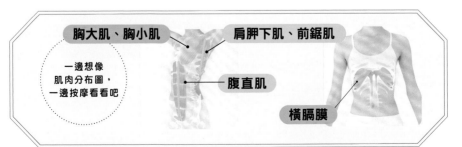

胸大肌、胸小肌　　肩胛下肌、前鋸肌

一邊想像肌肉分布圖，一邊按摩看看吧

腹直肌

橫膈膜

上臂
Upper arms

> 手臂肉鬆鬆垮垮的，
> 就像蝴蝶翅膀…

按壓凹窩

使勁壓！

左右各3次

腋窩前側　胸大肌、胸小肌

用手抓住另一邊的腋窩，再用大拇指按壓腋窩前側。

> 溫馨小提示

有蝴蝶袖的人，通常都是由於腋窩處的循環阻塞，以及血液循環不良。這種情況就要按壓腋窩，促進血液與淋巴的循環。要趕走囤積在手臂的水腫與老廢物質，才能重現俐落的上臂線條！

Point

只要解決血液循環不良
的問題，就能找回
清爽俐落的上臂線條

56

Step 2

揉捏肌肉

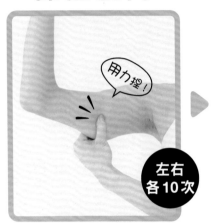

用力捏！

左右
各10次

上臂的贅肉

用力捏住上臂肉，再緩緩地把肉捏起來。
按摩的重點在於一邊改變手指的位置，一邊想像著把手臂的脂肪全部掐散，用力地揉捏手臂的贅肉。

Step 3

推壓肌肉

左右
各5次
×2遍

上臂內側

肱肌、肱二頭肌、喙肱肌

抓住上臂內側，按住這個部位，用力把手臂內側的肉往手肘的方向推。

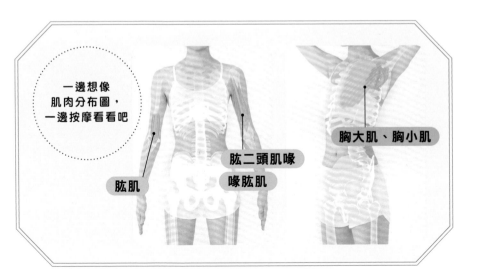

一邊想像
肌肉分布圖，
一邊按摩看看吧

肱肌

肱二頭肌喙
喙肱肌

胸大肌、胸小肌

臀部 &
大腿
Bottom & thighs

臀部下垂、大腿後側鬆垮，
看不到臀腿間的界線…

Step **1** ••••

按壓凹窩

使勁壓！

左右各3次

鼠蹊部 （髂腰肌）

雙手大拇指疊放在鼠蹊部中央，用力按壓
此處，就像把身體的重量全部施加於此。

溫馨
小提示

大腿與臀部之間看不到清楚的界
線，是因為大腿後側與臀部的肌
肉過於緊繃僵硬，而把整個臀部
的肉都往下拉。只要放鬆臀部與
大腿後側的肌肉，就能讓臀部與
大腿之間出現漂亮的界線，雕塑
出玲瓏有致的臀部曲線。

Point

大腿後側僵硬的肌肉

會把臀部的肌肉

往下拉，不停冒出的

脂肪就會更往下移動

Step 2

揉捏肌肉

用力捏！

左右
各10次

臀部的贅肉

用力抓住臀部，再緩緩地把肉捏起來。按摩的重點在於一邊改變手指的位置，一邊想像著把臀部的脂肪全部捏散，用力地揉捏臀部的贅肉。

Step 3

推壓肌肉

左右
各5次
×2遍

大腿後側　膕旁肌群

輕輕握拳，抵在臀部與大腿的交界處。拳頭一邊用力按壓，一邊用力地把大腿後側的贅肉往膝窩的方向推。

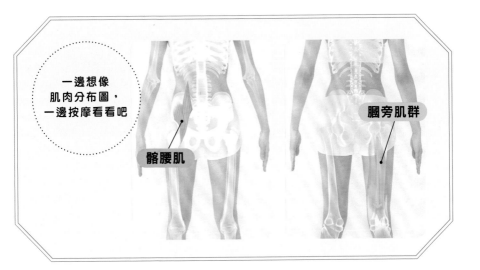

一邊想像
肌肉分布圖，
一邊按摩看看吧

髂腰肌

膕旁肌群

大腿內側
Inside of thighs

大腿內側鬆垮垮，
膝蓋以上都是脂肪…

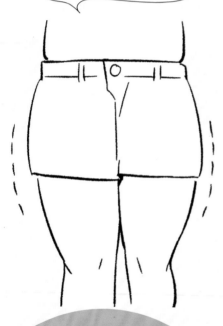

Step 1

按壓凹窩

使勁壓！

左右
各3次

鼠蹊部 （髂腰肌）

雙手大拇指疊放在鼠蹊部中央，用力按壓此處，就像把身體的重量全部施加於此。

溫馨
小提示

許多人在日常生活中都會過度使用大腿外側與後側，導致這兩個部位的肌肉變得緊繃又僵硬。當大腿外側的肌肉變得緊繃僵硬時，流經大腿內側的血量就會增加，進而造成大腿內側容易囤積脂肪。此外，緊繃僵硬的大腿肌肉也是造成O型腿的原因。

Point

大腿內側鬆鬆垮垮，

是因為連接骨盆與

大腿的髂腰肌過於緊繃

Step 2

揉捏肌肉

用力捏！

左右
各10次

大腿內側的贅肉

用力握住大腿內側的贅肉，再緩緩地把肉捏起來。按摩的重點在於一邊改變手的位置，一邊想像著把大腿內側的脂肪全部拍散，用力地揉捏大腿內側的贅肉。

Step 3

推壓肌肉

左右
各5次
×2遍

臀部　闊筋膜張肌

單手握住腰部附近的骨頭，然後整隻大拇指都要一邊用力按壓，一邊把臀部的肉往下推。

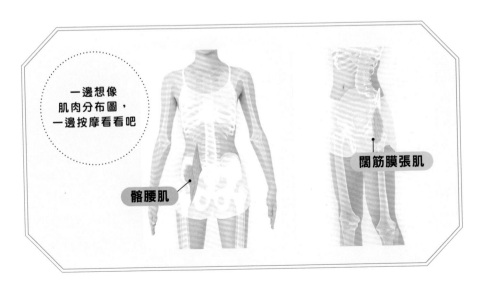

一邊想像
肌肉分布圖，
一邊按摩看看吧

髂腰肌

闊筋膜張肌

小腿肚
Calves

水腫加上肌肉結塊，
膝蓋以下又粗又壯…

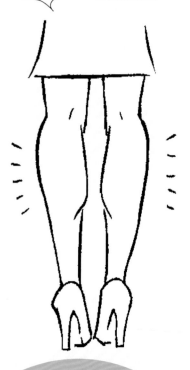

Step 1

按壓凹窩

使勁壓！

左右
各3次

膝窩 膕肌、蹠肌

雙手大拇指抵住
膝窩，用力按壓
此處，就像要用
大拇指把膝蓋頂
起來一樣。

按這裡！

溫馨
小提示

小腿肚粗壯的主要原因為水腫，
以及雙腿的重心偏向外側。小腿
肚水腫的問題可以透過按壓膝窩
來解決；若是雙腿重心偏向外
側，導致小腿肌肉向外發展的問
題，則可按壓小腿肚，打造出筆
直又纖細的小腿。

Point

按摩小腿肚與
膝窩的肌肉，
加速排出老廢物質

Step 2

揉捏肌肉

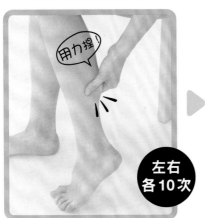

用力捏！

左右
各10次

阿基里斯腱的上方

單手用力握住阿基里斯腱的上方，然後再
緩緩地把肉捏起來。

Step 3

推壓肌肉

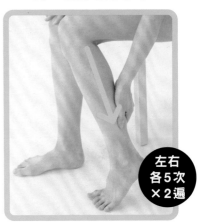

左右
各5次
×2遍

小腿肚　比目魚肌、腓腸肌

單手握住小腿肚，用力把小腿肚的肉往腳
踝的方向推。

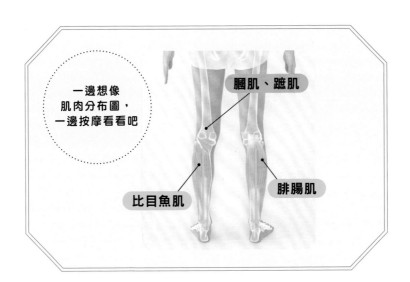

一邊想像
肌肉分布圖，
一邊按摩看看吧

膕肌、蹠肌

比目魚肌

腓腸肌

沐浴中與
出浴後是最好的時機！

想要提升「肌肉排毒美體法」的效果，身體暖呼呼的時候就是最好的時機。先把身體弄熱再按摩，就能給肌膚帶來比平日更加深層的刺激。

沐浴中

我們在洗澡時會將身體抹上沐浴乳，這時的肌膚相對光滑，所以按摩起來就會更加順利。沐浴乳帶來的潤滑效果，也能減輕按摩對於肌膚造成的負擔。

出浴後

洗完澡後記得先將身體抹上厚厚一層的身體乳液或凝露，這樣肌膚才會更加光滑。而且身體塗完保養品再按摩的話，也會提升保濕成分的滲透力，讓肌膚更加水嫩。

順便做一做美胸按摩

　　想要讓胸部的形狀更加豐滿好看，那就必須做到兩件事。①改善胸部的血液循環，讓胸部能夠獲得源源不絕的養分。②雕塑胸部周圍的肌肉形狀。而按壓鎖骨、腋窩前側以及橫膈膜等3個部位，都非常有幫助。基本上，這3個部位都是各壓3次即可，僵硬的部位可以多按幾次，效果會更好。

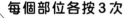

每個部位各按3次

以中指按壓鎖骨，
把中指按進
鎖骨的凹窩

左右
各3次

把手放在鎖骨上，一邊吐氣，一邊把中指壓進鎖骨的凹窩。然後再一邊吸氣，一邊放鬆手指的力量。

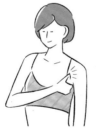

以大拇指用力
按壓腋窩前側

左右
各3次

把手塞在腋下，一邊吐氣，一邊用大拇指按壓腋窩前側。然後再一邊吸氣，一邊放鬆大拇指的力量。

以雙手各4隻
手指按壓橫膈膜

左右
各3點
×3次

把雙手的食指到小拇指放在肋骨最下緣，一邊吐氣，一邊按壓橫膈膜，盡量把手指往肚子裡面擠壓。然後再一邊吸氣，一邊放鬆手指的力量。

梨形臉
Full-cheeked face

不喜歡下半張臉
都腫腫的…

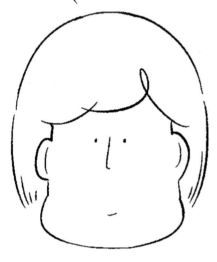

Point

要消除

下半張臉的水腫

Step 1

按壓凹窩

使勁壓！

左右
各3次

腋窩前側 胸大肌、胸小肌

用手抓住身體另一側的腋窩，並以大拇指
按壓腋窩前側。

+

使勁壓！ 3次

嘴角 提口角肌

雙手大拇指抵住嘴角，像用其他手指頭扶
住頭一樣，以大拇指按壓此處。

Step 2 揉捏肌肉

用力捏！

左右
各10次

鬆垮的下顎線條

用大拇指與食指捏住下顎兩側鬆垮的肉，然後把肉提起來。按摩的重點在於一邊改變手指的位置，一邊把下顎兩側的肉通通捏過一遍。

左右
各10次

用力捏！

鬆垮的嘴邊肉

用大拇指與食指捏住鬆垮的嘴邊肉，然後把肉提起來。按摩的重點在於一邊將手指往下顎的方向移動，一邊揉捏嘴邊肉。

Step 3 推壓肌肉

5次
×2遍

臉頰　顴小肌、顴大肌

雙手大拇指抵住鼻翼，其他手指頭扶著頭的兩側。雙手大拇指從鼻翼兩側往兩頰的顴骨下方推。

左右
各5次
×2遍

腮幫子　咀嚼肌

單手握住下巴，並把大拇指抵在耳朵前面。用大拇指把腮幫子往下顎側邊推。

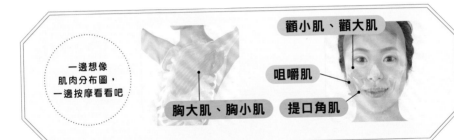

一邊想像
肌肉分布圖，
一邊按摩看看吧

顴小肌、顴大肌

咀嚼肌

胸大肌、胸小肌

提口角肌

方形臉
Squared face line

腮幫子凸出，
臉看起來就像
本壘板…

Step 1 ······

按壓凹窩

使勁壓！

5秒
×3次

下顎下方 　二腹肌

下巴微微抬起，雙手大拇指抵在下顎下方的凹窩。大拇指往上按壓下顎骨，持續按壓5秒。

+

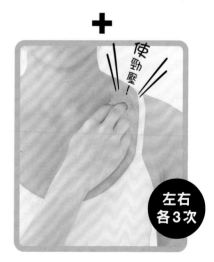

使勁壓！

左右
各3次

鎖骨 　胸鎖乳突肌、斜角肌

中指抵在鎖骨的凹窩。改變手指按壓的位置，若有僵硬的部位也要一併按壓。

Step 2 揉捏肌肉

用力捏！

左右各10次

鬆垮的嘴邊肉

用大拇指與食指捏住鬆垮的嘴邊肉，然後把肉提起來。按摩的重點在於一邊將手指往下顎的方向移動，一邊揉捏嘴邊肉。

Step 3 推壓肌肉

左右各5次×2遍

腮幫子 咀嚼肌

單手握住下巴，並把大拇指抵在耳朵前面。用大拇指把腮幫子往下顎側邊推。

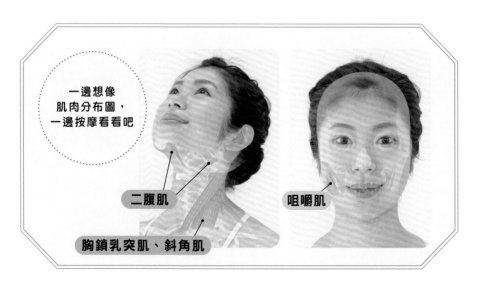

一邊想像肌肉分布圖，一邊按摩看看吧

二腹肌

胸鎖乳突肌、斜角肌

咀嚼肌

圓臉
Round face line

下顎的線條
無影無蹤…

Step **1**

按壓凹窩

使勁壓！

左右
各3次

鎖骨　胸鎖乳突肌、斜角肌

中指抵在鎖骨的凹窩。改變手指按壓的位置，若有僵硬的部位也要一併按壓。

+

使勁壓！

左右
各3點
×3次

心窩　橫膈膜

雙手的手指抵住肋骨下緣，上半身稍微往前傾，然後一邊吐氣，一邊按壓肋骨邊緣。換個位置繼續按壓，接著再換一次位置繼續按壓（左右各3個點）。

揉捏肌肉

使勁壓！

5秒 ×3次

用力捏！

左右 各10次

下顎下方 二腹肌

下巴微微抬起，雙手大拇指抵在下顎下方的凹窩。大拇指往上按壓下顎骨，持續按壓5秒。

＋

溫馨 小提示

圓臉的人容易囤積脂肪與水分，因此最重要的就是改善臉部的血液循環。而鬆垮的下顎線條以及臉頰肉，就要用輕輕揉捏的方式來點刺激。最後再放鬆頭部的肌肉，便能讓橫向發展的臉蛋小一號。

臥蠶

用大拇指與食指輕輕地捏住臥蠶，然後把肉提起來。按摩的重點在於一邊移動手指，一邊把臥蠶都揉捏過一遍。

＋

用力捏！

左右 各10次

鬆垮的嘴邊肉

用大拇指與食指捏住鬆垮的嘴邊肉，然後把肉提起來。按摩的重點在於一邊將手指往下顎的方向移動，一邊揉捏嘴邊肉。

推壓肌肉

用力捏！

左右
各10次

5次
×2遍

+

鬆垮的下顎線條

用大拇指與食指捏住下顎兩側鬆垮的肉，
然後把肉提起來。按摩的重點在於一邊改
變手指的位置，一邊把下顎兩側的肉通通
捏過一遍。

額頭　　額肌

雙手大拇指放在兩邊的髮際線（黑眼珠的
往上延伸之處）上，其他手指扶住後腦
勺。大拇指朝著眉毛的方向，將額頭的肌
肉往下推。

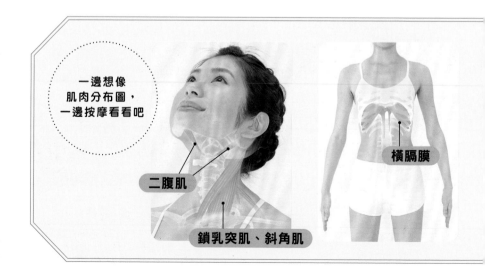

一邊想像
肌肉分布圖，
一邊按摩看看吧

二腹肌

鎖乳突肌、斜角肌

橫膈膜

圓臉
Round face line

5次
×2遍

來回
5次

後頸上方 　枕下肌群

雙手大拇指抵住後腦勺的凹處，其他手指
扶住後腦勺上方。大拇指沿著後腦勺下方
的髮際線，一邊用力按壓，一邊往上推。

頭部兩側 　顳肌

雙手大拇指抵在頭的兩側，其他手指扶住
額頭。大拇指用力地在耳朵上方與頭頂之
間來回推壓5次。

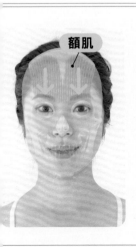

額肌

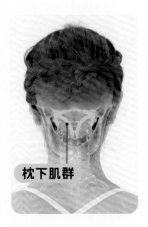

枕下肌群

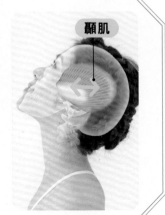

顳肌

從根本消除臉部
「水腫」、「鬆弛」

如果沒有解決根本的原因，就算再用力按摩臉部，也沒有任何意義。接著就來解說臉部鬆弛與水腫的原因，以及有效解決這兩個問題的辦法。

臉部鬆弛

臉部的筋膜連接肩頸、背部的筋膜，這幾個部位的筋膜之間有著牽一髮而動全身的關係（關於筋膜請參考P40）。當肩頸痠痛造成肩頸的筋膜僵硬緊繃時，底下的肌肉也會跟著變緊繃，進而向下拉扯臉部肌肉，於是我們的臉部最後就會下垂、鬆垮。

假如身體不只有筋膜僵硬的問題，同時還有駝背的壞習慣，那就要更加注意了。駝背的姿勢會過度拉扯背部的肌肉，而肩頸部分的肌肉反而會呈現收縮的狀態。結果，下巴與臉頰受到肩頸肌肉的拉扯，肌肉就變得愈來愈下垂，臉也就愈來愈顯老。

＼ 要怎麼解決 ／
放鬆頸部、肩膀、背部的肌肉

Check!! 你的鎖骨看起來有向下凹嗎？

假如鎖骨看起來沒有向下凹，那就是胸鎖乳突肌已經僵硬緊繃的警訊。要習慣用手指按摩鎖骨的凹窩！

臉部水腫

造成臉部鬆弛的肩頸痠痛、駝背，也是臉部水腫的元兇。尤其是頸部側邊的胸鎖乳突肌變得僵硬，水腫的問題就會更加嚴重。

胸鎖乳突肌位於頸側，自耳下斜向延伸至鎖骨（參考 P28 肌肉分布圖）。當這塊肌肉變僵硬的時候，淋巴循環的終點──鎖骨淋巴結，以及附近的粗血管、神經都會受到壓迫，造成老廢物質排不出體外，漸漸累積在臉部。

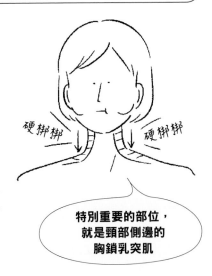

硬梆梆　　硬梆梆

特別重要的部位，
就是頸部側邊的
胸鎖乳突肌

\ 要怎麼解決 /
放鬆頸部、肩膀、背部的肌肉

Check!! **你有肌膚暗沉的問題嗎？**

當胸鎖乳突肌僵硬緊繃，且血液與淋巴循環都變差的時候，不只老廢物質排不出體外，原本要輸送至肌膚的養分也會停滯不前。新陳代謝的速度變慢，肌膚就容易暗沉。

臉部按摩的
基本是「輕捏」

有些臉部按摩的方式會強調用力推壓臉部的淋巴，不過基本上只要用「輕輕揉捏」的方式按摩就沒問題。就像前面介紹的內容一樣，只要用力推壓胸鎖乳突肌的部位就足以達到效果。

幾乎大部分的肌肉都是橫越骨頭關節，連接著骨頭與骨頭。不過，在全身上下的肌肉當中，只有一個部位的**肌肉緊貼著皮膚**。

那就是顏面表情肌。

我們在放鬆這些連接骨頭與骨頭的肌肉時，通常都是以能夠觸及骨頭的力道，不停地來回用力按壓、推壓肌肉，但由於顏面表情肌緊貼著肌膚，所以按摩時就不需要使用那麼強勁的力道。

用手捏住臉部的肌膚時，基本上這些顏面表情肌都會一起受到刺激。

各位應該都曉得，當顏面的肌肉受到刺激，這些肌肉的活動就會更加靈活。

既然都知道這麼一回事，那就請各位多開口笑一笑。每一天都帶著豐富的表情，顏面表情肌就能得到適度的刺激。

> **臉部以外的肌肉
> 要用力按摩，
> 臉部的肌肉則要溫柔對待**

雕塑全身曲線

肥胖的原因不只有一種。

從肥胖的真正原因下手，正是物理治療的概念。

本章節除了要針對不同的肥胖原因介紹

適合的按摩方式，也要告訴各位如何消除

O型腿、X型腿、XO型腿等煩惱。

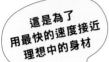
3大代表性身材

即使立志要擁有美麗的身材曲線，每個人的體脂肪狀態也不盡相同。

你至今為止如何使用身上的肌肉，決定了你現在擁有哪一種身材。

過度使用的肌肉就要放鬆，不常使用的肌肉就要刺激。我們要透過這樣的方式重整全身上下的肌肉，才能找回身體前後左右的平衡，打造出穠纖合度的身材。

在右頁介紹的3大身材當中，你最符合哪一種呢？

第一種是**直筒型身材**。現代女性常見的駝背與骨盆前傾，導致了這種全身充滿脂肪、毫無曲線的身材。第二種是**西洋梨型身材**。這種體型主要為下半身肥胖，脂肪大部分都集中在臀部、大腿等下半身部位。第三種則是**蘋果型身材**。這種體型主要為上半身肥胖，脂肪大部分都集中在腹部等上半身部位。

除了這3種體型的改善方式之外，本章節還會介紹O型腿、X型腿、XO型腿等問題的改善方式。

請各位針對自己在意的部位，親身實踐看看吧。

符合的項目
請打勾

- ☐ 駝背
- ☐ 骨盆前傾
- ☐ 沒有腰身
- ☐ 臀部下垂、大腿粗壯
- ☐ 肉被內衣擠出來

➡️ **直筒型身材** P80

- ☐ 下半身比上半身胖
- ☐ 膝蓋以上的部分鬆垮下垂
- ☐ 容易水腫
- ☐ 大腿有橘皮組織
- ☐ 腳踝粗壯

➡️ **西洋梨形身材** P86

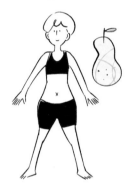

- ☐ 小腹突出
- ☐ 容易便秘
- ☐ 腹部的肉硬梆梆
- ☐ 喜歡喝酒、吃甜食
- ☐ 腹部兩側都是脂肪

➡️ **蘋果型身材** P92

O型腿 P96　　X型腿 P100　　XO型腿 P102

直筒型身材
No Waist

原因就在於背部的肌肉被拉開，而腹部的肌肉則是僵硬緊繃

Point

放鬆身體正面的肌肉，

找回正面肌肉與

背面肌肉的平衡！

Step 1
按壓凹窩

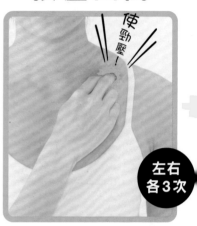

使勁壓！

左右各3次

鎖骨　胸鎖乳突肌、斜角肌

中指抵在鎖骨的凹窩。改變手指按壓的位置，若有僵硬的部位也要一併按壓。

+

使勁壓！

左右各3次

腋窩前側　胸大肌、胸小肌

用手抓住身體另一側的腋窩，並以大拇指按壓腋窩前側。

揉捏肌肉

左右
各3點
×3次

心窩 橫膈膜

雙手的手指抵住肋骨下緣，上半身稍微往前傾，邊吐氣邊按壓。換個位置繼續按壓，接著再換一次位置按壓（左右各3個點）。

用力捏！

10次

腹部兩側的贅肉

雙手用力捏住腹部兩側的贅肉，再緩緩地把肉提起來。重點在於一邊慢慢地改變位置，一邊想像著把腹部的脂肪全部捏散。

+

左右
各3次

鼠蹊部 髂腰肌

雙手大拇指疊放在鼠蹊部中央，用力按壓此處，就像把身體的重量全部施加於此。

+

用力捏！

10次

背部的贅肉

雙手的大拇指與食指用力地捏住背後的贅肉，再緩緩地把肉提起來。按摩的重點在於一邊慢慢地改變手的位置，一邊想像著把脂肪捏散，用力地揉捏背部的贅肉。

推壓肌肉

左右
各5次
×2遍

腹部兩側 腹斜肌

輕輕握拳，抵住胸部外側，用力地把腹部兩側的贅肉往肚臍旁邊推，每側各推5次。

5次
×2遍

腹部 腹直肌

雙手輕輕握拳，抵在肋骨下方，將腹部的肉往鼠蹊部的方向推。

左右
各5次
×2遍

腋窩下方 肩胛下肌、前鋸肌

把大拇指放在另一側的腋窩下方，大拇指一邊用力按壓，一邊把腋窩下方的肉往乳房下緣推。

溫馨小提示

有駝背或骨盆前傾的人，通常背部的肌肉都會鬆弛，而腹部與胸部等身體正面的肌肉則會僵硬緊繃，造成腹部容易長出贅肉，變成直筒型身材。依照這個方式按摩身體，可以改善不良姿勢，幫身體的肌肉找回平衡。

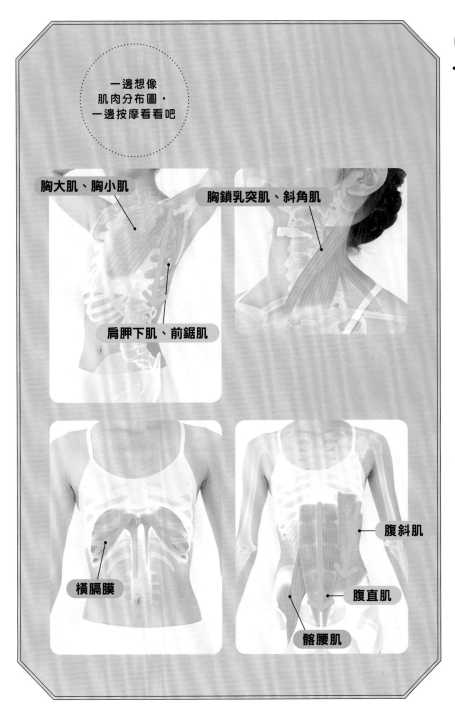

一邊想像
肌肉分布圖，
一邊按摩看看吧

胸大肌、胸小肌

胸鎖乳突肌、斜角肌

肩胛下肌、前鋸肌

橫膈膜

腹斜肌

腹直肌

髂腰肌

習慣「駝背」跟「骨盆前傾」的人，就容易形成直筒型身材！

時間不夠的話，只做這部分的按摩也OK

駝背

Step 1

按壓凹窩

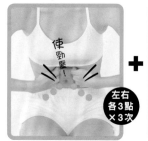

使勁壓！

左右各3點×3次

＋

使勁壓！

左右各3次

心窩 （橫膈膜）

雙手的手指抵住肋骨下緣，上半身稍微往前傾，然後一邊吐氣，一邊按壓肋骨邊緣。換個位置繼續按壓，接著再換一次位置繼續按壓（左右各3個點）。

腋窩前側 （胸大肌、胸小肌）

用手抓住身體另一側的腋窩，並以大拇指按壓腋窩前側。

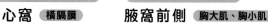

骨盆前傾

Step 1

按壓凹窩

使勁壓！

左右各3次

鼠蹊部 （髂腰肌）

雙手大拇指疊放在鼠蹊部中央，用力按壓此處，就像把身體的重量全部施加於此。

直筒型身材
No Waist

Step 2

揉捏肌肉

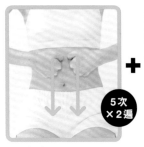

用力捏！

10次

上腹部的贅肉

用力抓住上腹部的贅肉，再緩緩地把肉提起來。按摩的重點在於一邊慢慢改變手的位置一邊想像著把腹部的脂肪全部掐散，用力地揉捏。

Step 3

推壓肌肉

5次 ×2遍

+

左右 各5次 ×2遍

腹部　腹直肌

雙手輕輕握拳，抵在肋骨下方，將腹部的贅肉往鼠蹊部的方向推。

腋窩下方
肩胛下肌、前鋸肌

把大拇指放在另一側的腋窩下方，大拇指一邊用力按壓，一邊把腋窩下方的肉往乳房下緣推。

Step 2

揉捏肌肉

用力捏！

10次

腹部兩側的贅肉

雙手用力捏住腹部兩側的贅肉，再緩緩地把肉提起來。按摩的重點在於一邊慢慢地改變手的位置，一邊想像著把腹部的脂肪全部掐散。

Step 3

推壓肌肉

左右 各5次 ×2遍

大腿前側　股四頭肌

雙手大拇指疊放在鼠蹊部中間，用力地從鼠蹊部把大腿前側的肉往膝蓋方向推。

西洋梨型身材
Pear-shaped

原因在於背部與雙腿前側的肌肉過度拉伸

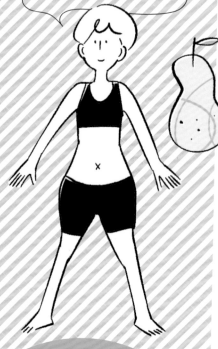

Point

重塑腹部與
雙腿後側的肌肉，
消除下半身的肥肉

Step 1 ●●●●●

按壓凹窩

使勁壓！

左右
各3點
×3次

心窩 （橫膈膜）

雙手的手指抵住肋骨下緣，上半身稍微往前傾，邊吐氣邊按壓肋骨邊緣。換個位置按壓，接著再換一次位置按壓（左右各3個點）。

+

使勁壓！

左右
各3次

臀部 （臀中肌、臀大肌、梨狀肌）

用大拇指抵住臀部中央的臀窩，像是要把身體往後仰一樣，將身體的重量施加在大拇指，以大拇指的力量按壓此處。

揉 捏 肌 肉

用力捏！

10次

腹部兩側的贅肉

雙手用力捏住腹部兩側的贅肉，再緩緩地
把肉提起來。重點在於一邊慢慢地改變位
置，一邊想像著把腹部的脂肪全部捏散。

+

用力捏！

**左右
各10次**

大腿內側的贅肉

用力握住大腿內側的贅肉，再緩緩地把肉
提起來。按摩的重點在於一邊改變手的位
置，一邊想像著把大腿內側的脂肪全部捏
散，用力地揉捏大腿內側的贅肉。

推 壓 肌 肉

**左右
各5次
×2遍**

大腿後側 　膕旁肌群

單手輕輕握拳，抵在臀部與大腿的交界。
一邊用力按壓此處，一邊把大腿後側的贅
肉往膝窩的方向推。

+

**5次
×2遍**

腹部 　腹直肌

雙手輕輕握拳，抵在肋骨下方，將腹部的
肉往鼠蹊部的方向推。

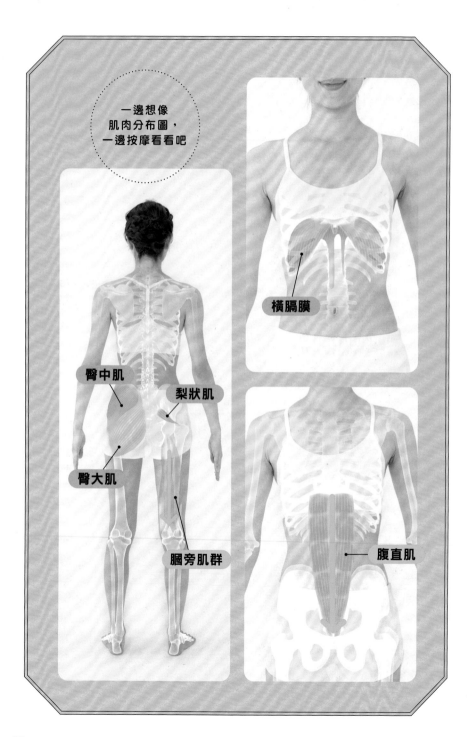

一邊想像
肌肉分布圖，
一邊按摩看看吧

臀中肌

梨狀肌

臀大肌

膕旁肌群

橫膈膜

腹直肌

吃飯口味變重，
是身體水腫與
脂肪囤積的警訊

愈肥胖的人會愈喜歡吃口味重的食物，而愈苗條的人則愈習慣清淡的口味。這兩者差異之間其實有很深的淵源。

味覺是對於物質味道的感覺，痛覺是對於身體疼痛的感覺，而在大腦的感覺區內，味覺與痛覺剛好是緊緊相鄰的兩種感覺神經。

水腫其實就是一種疼痛，是一種會刺激痛覺的症狀。

當水腫的問題變得更嚴重時，我們的大腦就會提升痛覺神經的反應程度來加強防禦，讓身體感覺不到水腫帶來的刺激。

而相鄰的味覺神經也受到大腦指令的影響，跟著痛覺神經一起提升反應程度，所以口味清淡的食物再也滿足不了味覺，於是變得愈來愈喜歡重口味。

那如果情況相反，身體沒有水腫問題的話，又會如何呢？

我們的痛覺不再覺得受到刺激，於是大腦便降低了痛覺神經的反應程度，而相鄰的味覺神經也跟著一起恢復。

因此，身體就會逐漸習慣清淡的口味。

我們無法直接用眼睛判斷出身體的水腫程度，**但如果飲食的口味變得愈來愈重，也許就是出現水腫問題的警訊**。

身體有水腫的問題，脂肪自然也會囤積在體內。

現在就立刻來按摩身體，開始進行消水腫大作戰吧。

**立刻用按摩進行
消水腫大作戰**

大腿後側的肌肉把臀部往下拉扯，就會變成「臀部下垂」。
走路內八，臀部向外發展，就會變成「方形臀」。

臀部下垂

Step 1 ▶ Step 2

按壓凹窩

使勁壓！

左右
各3次

臀部

臀中肌、臀大肌、梨狀肌

用大拇指抵住臀部中央的臀窩，像是要把身體往後仰一樣，將身體的重量施加在大拇指上按壓。

揉捏肌肉

用力捏！

左右
各10次

臀部的贅肉

用力抓住臀部，再緩緩地把肉提起來。按摩的重點在於一邊改變手指的位置，一邊想像著把臀部的脂肪全部搯散，用力揉捏臀部的贅肉。

方形臀

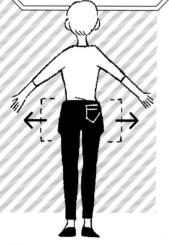

Step 1 ▶ Step 2

按壓凹窩

使勁壓！

左右
各3次

臀部

臀中肌、臀大肌、梨狀肌

用大拇指抵住臀部中央的臀窩，像是要把身體往後仰一樣，將身體的重量施加在大拇指上按壓。

揉捏肌肉

用力捏！

左右
各10次

＋

大腿內側的贅肉

用力握住大腿內側的贅肉，再緩緩地把肉提起來。按摩的重點在於邊改變手的位置，邊想像著把大腿內側的脂肪全部搯散。

西洋梨型身材
Pear-shaped

Step **3**

推壓肌肉

左右
各5次
×2遍

大腿後側
膕旁肌群

單手輕輕握拳,抵在臀部與
大腿的交界處。一邊用力按
壓此處,一邊把大腿後側的
贅肉往膝窩的方向推。

Step **3**

推壓肌肉

用力捏!

左右
各10次

左右
各5次
×2遍

左右
各5次
×2遍

臀部的贅肉

用力抓住臀部,再緩緩地把
肉提起來。按摩的重點在於
一邊改變手指的位置,一邊
想像著把臀部的脂肪全部拍
散,用力揉捏臀部的贅肉。

大腿後側
膕旁肌群

輕輕握拳,抵在臀部與大腿
的交界處。一邊出力按壓,
一邊把大腿後側的贅肉往膝
窩的方向推。

大腿內側
內收肌群

大拇指抵住鼠蹊部的內側,
用力把大腿內側的肉往膝蓋
的方向推。

蘋果型身材

Beer belly

內臟脂肪太多了，
肚子圓滾滾的…

Point

刺激內臟周圍的肌肉，
提升新陳代謝

按壓凹窩

使勁壓！

左右
各3點
×3次

心窩 `橫膈膜`

雙手的手指抵住肋骨下緣，上半身稍微往前傾，然後一邊吐氣，一邊按壓肋骨邊緣。換個位置繼續按壓，接著再換一次位置繼續按壓（左右各3個點）。

+

使勁壓！

左右
各3次

鼠蹊部 `髂腰肌`

雙手大拇指疊放在鼠蹊部中央，用力按壓此處，就像把身體的重量全部施加於此。

Step **2**
揉捏肌肉

10次

肚臍周圍的贅肉

呈仰躺姿勢並將膝蓋打彎，頭部枕著毛巾等物品。用力抓住肚臍周圍的贅肉，再緩緩地把肉提起來。按摩的重點在於一邊慢慢地改變手的位置，一邊想像著把腹部的脂肪全部掐散，用力地揉捏肚臍周圍的肉。

+

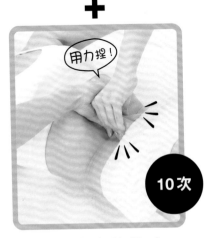

10次

腹部中央的贅肉

用力抓住腹部的贅肉，再緩緩地把肉提起來。按摩的重點在於一邊慢慢地改變手的位置，一邊想像著把附著在腸道周圍的脂肪全部掐散，用力揉捏腹部中央的贅肉。

Step **3**
推壓肌肉

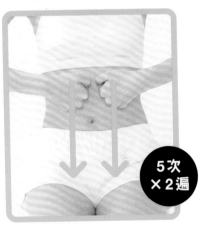

5次 ×2遍

腹部 　腹直肌

雙手輕輕握拳，抵在肋骨下方，將腹部的贅肉往鼠蹊部的方向推。

+

左右 各5次 ×2遍

腹部兩側 　腹斜肌

輕輕握拳，抵住胸部外側，用力把腹部兩側的贅肉往肚臍旁邊推，每側各推5次。

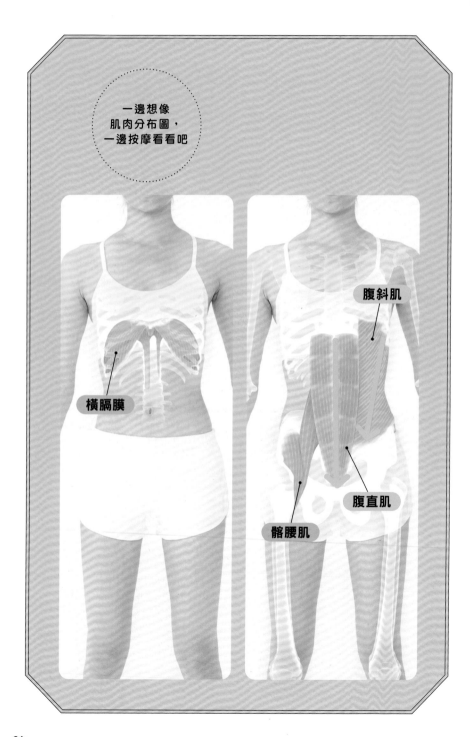

一邊想像
肌肉分布圖，
一邊按摩看看吧

腹斜肌

橫膈膜

髂腰肌

腹直肌

94

內臟也是由肌肉構成，
所以身體疲累是瘦身大忌！

當我們毫無節制地使用身上某處肌肉時，就會導致該部位的肌肉變僵硬，並造成肌肉的靈活度變差。而內臟器官也跟肌肉一樣，要是一直不停地運作，效能就會愈來愈差。因此，減肥的人絕對要避免過度疲勞。

構成內臟器官的肌肉就稱為內臟肌肉（平滑肌），控制內臟器官的活動。

每當我們吃一頓飯，內臟肌肉（平滑肌）就會開始工作，日復一日的三餐飲食，使內臟肌肉不停地工作。

不只如此，假如在這三頓正餐之間還會來點零食、三不五時就聚餐飲酒等等，當我們給內臟增加愈多不規律的工作時間，內臟肌肉（平滑肌）就會變得愈來愈僵硬。

而這樣的結果，就是導致內臟周圍的血液循環變差，而囤積在內臟周圍的老廢物質與水分就容易造成內臟水腫。因為這樣，內臟就會漸漸地囤積內臟脂肪。

想要消除內臟脂肪，最重要的一件事就是讓內臟肌肉（平滑肌）好好休息。

有時我們明明肚子不餓，只因為到了用餐時間就進食，每天都一定吃足三餐。但其實這是不需要的。

就算一天只吃一餐也是沒問題的。

請各位偶爾在週末進行輕斷食，讓我們的內臟肌肉（平滑肌）休息一下。

只要消除肌肉的疲勞，內臟脂肪也會更容易被燃燒。

再配合放鬆「瘦身肌」，想必就能感受到更好的效果。

建議在週末
來個輕斷食！

O 型腿
Bowlegs

從髖關節到腳踝的
骨頭都被向外拉⋯

Point

雙腿之所以彎曲，
是因為臀部至雙腿的
外側肌肉硬梆梆

Step 1

按壓凹窩

使勁壓！

左右
各3次

臀部　臀中肌、臀大肌、梨狀肌

用大拇指抵住臀部中央的臀窩，像是要把
身體往後仰一樣，將身體的重量施加在大
拇指上按壓。

+

使勁壓！

左右
各3次

膝窩　膕肌、蹠肌

雙手大拇指抵住膝
窩，用力按壓此
處，就像用大拇指
把膝蓋頂起來一樣。

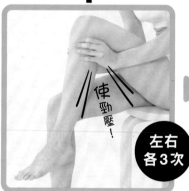

按這裡！

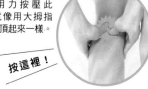

Step 2

揉捏肌肉

用力捏！
左右
各10次

大腿內側的贅肉

用力握住大腿內側的贅肉，再緩緩地把肉提起來。按摩的重點在於一邊改變手的位置，一邊想像著把大腿內側的脂肪全部掐散，用力地揉捏大腿內側的贅肉。

＋

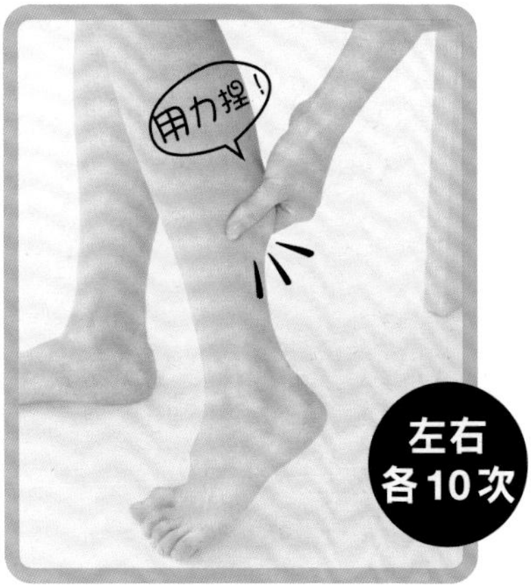
用力捏！
左右
各10次

阿基里斯腱的上方

單手用力握住阿基里斯腱的上方，然後再緩緩地把肉提起來。

Step 3

推壓肌肉

左右
各5次
×2遍

臀部 闊筋膜張肌

單手握住腰部附近的骨頭，然後整隻大拇指都要一邊用力按壓，一邊把臀部的肉往下推。

＋

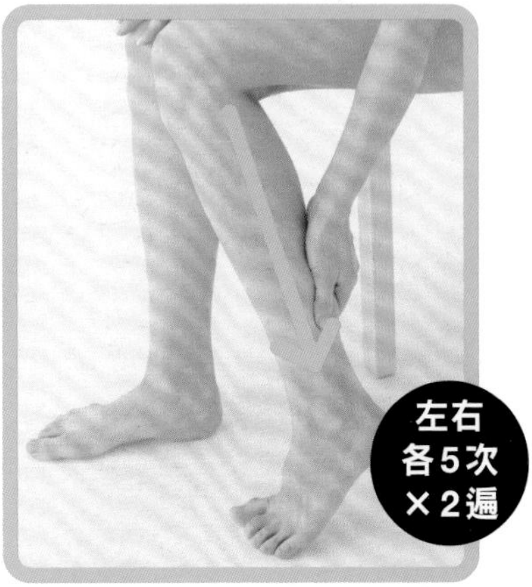
左右
各5次
×2遍

小腿肚 比目魚肌、腓腸肌

單手握住小腿肚，用力把小腿肚的肉往腳踝的方向推。

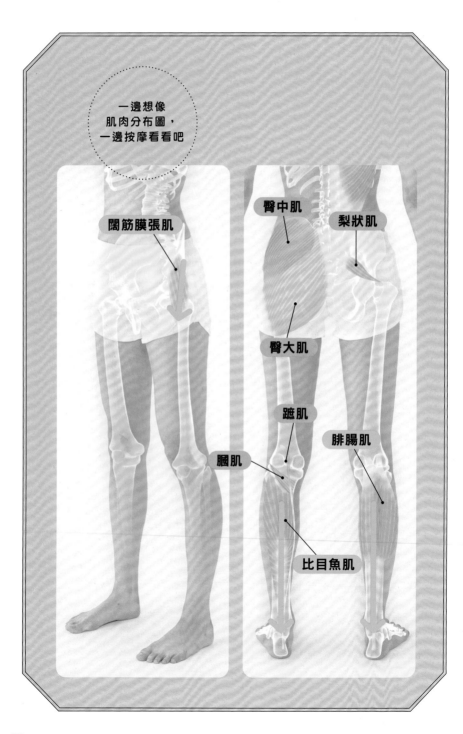

一邊想像
肌肉分布圖，
一邊按摩看看吧

闊筋膜張肌

臀中肌

梨狀肌

臀大肌

蹠肌

腓腸肌

膕肌

比目魚肌

骨骼會重建與再生

先前在Ｐ14也說明過，當原本收縮在一起的肌肉得到放鬆，並且矯正了不良的姿勢，關節與骨骼也會回到原本正確的位置。不過，既然骨骼已經歪了，那麼就算回到正確的位置也沒有意義了，不是嗎？不，其實我們的骨骼一直都在重新生長。

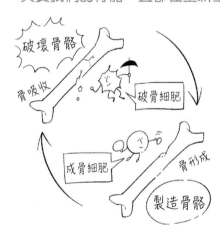

破骨細胞會破壞骨骼（骨吸收），而成骨細胞則會再生骨骼（骨形成），骨骼就是一直重複著這樣的循環。

假如肌肉還是維持僵硬緊繃的狀態，歪斜的骨骼就會照著現在的模樣重新生長。但如果能把肌肉結節鬆開來，就可以修正骨骼的位置，於是便能再生出形狀正常的骨骼。

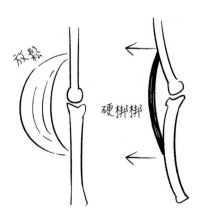

X 型腿
Knock-knee

大腿往內旋，
小腿往外翻

Point

把大腿骨與骨盆的連接

點調整到正確的位置，

打造出筆直的雙腿，

而X型腿造成的大屁股，

自然也會小一號

Step **1**

按壓凹窩

使勁壓！

左右各3次

膝窩 腘肌、蹠肌

雙手大拇指抵住膝窩，用力按壓此處，就像用大拇指把膝蓋頂起來一樣。

按這裡！

+

使勁壓！

左右各3次

鼠蹊部 髂腰肌

雙手大拇指疊放在鼠蹊部中央，用力按壓此處，就像把身體的重量全部施加於此。

Step **2**

揉捏肌肉

Step **3**

推壓肌肉

用力捏！

左右
各10次

左右
各5次
×2遍

大腿後側的贅肉

單手用力握住大腿後側的贅肉，再緩緩地把肉提起來。按摩的重點在於一邊改變手的位置，一邊想像著把大腿後側的脂肪全部捏散，用力地揉捏大腿後側的贅肉。

大腿內側 內收肌群

大拇指抵住鼠蹊部的內側，用力把大腿內側的肉往膝蓋的方向推。

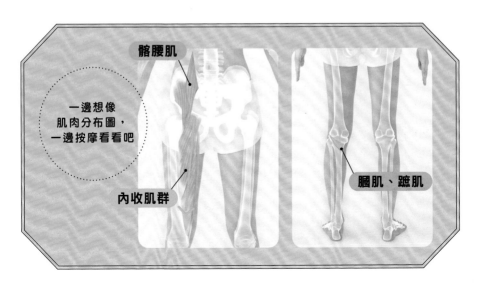

一邊想像
肌肉分布圖，
一邊按摩看看吧

髂腰肌

內收肌群

膕肌、蹠肌

XO型腿
False curvature

站姿不良與走路姿勢不正確，才使腿骨彎曲的情況這麼複雜

Point

要放鬆僵硬的肌肉，

才能矯正彎曲的雙腿

按壓凹窩

使勁壓！

左右各3次

鼠蹊部 `腸腰筋`

雙手大拇指疊放在鼠蹊部中央，用力按壓此處，就像把身體的重量全部施加於此。

+

使勁壓！

左右各3次

膝窩 `膕肌、蹠肌`

雙手大拇指抵住膝窩，用力按壓此處，就像要用大拇指把膝蓋頂起來一樣。

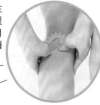

按這裡！

Step 2

揉捏肌肉

用力捏！

左右
各10次

大腿後側的贅肉

單手用力握住大腿後側的贅肉，再緩緩地把肉提起來。按摩的重點在於一邊改變手的位置，一邊想像著把大腿後側的脂肪全部捏散，用力地揉捏大腿後側的贅肉。

Step 3

推壓肌肉

左右
各5次
×2遍

大腿內側　內收肌群

大拇指抵住鼠蹊部的內側，用力把大腿內側的肉往膝蓋的方向推。

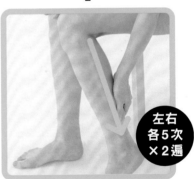

左右
各5次
×2遍

小腿肚　比目魚肌、腓腸肌

單手握住小腿肚，用力把小腿肚的肉往腳踝的方向推。

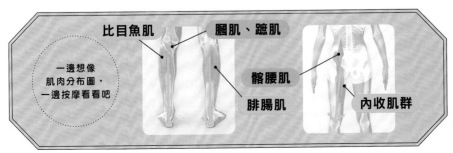

一邊想像
肌肉分布圖，
一邊按摩看看吧

比目魚肌　　膕肌、蹠肌

髂腰肌

腓腸肌

內收肌群

覺得麻煩不想再堅持的時候，這些話可以讓你更有動力！

每天持續按摩當然是最好的，但有時候就是不想做，對吧？這種時候，就不必強求自己做到最好，而是應該選擇對自己比較好的做法，這樣才能繼續保持動力。

運動不足的人更容易瘦！

愈是經常做激烈運動的人，身上的肌肉就愈僵硬，要花更多的時間才能放鬆肌肉。

相反地，缺乏運動的人則能省去放鬆肌肉的過程，所以不必花太多時間就可以將肌肉調整至良好的狀態。

總而言之，愈懶的人就愈容易瘦下來！

變美無關體質或年齡！

　　沒有人的脂肪細胞打從出生就是肥大的。只要透過「肌肉排毒美體法」促使脂肪細胞自然死亡，不管是誰都可以再生正常的脂肪細胞。要相信自己一定沒問題。

　　而且，我們的身體不只會再生新的脂肪細胞，同時也會再生肌力良好的肌肉，所以原本受僵硬肌肉拉扯的骨骼，也能重新回到正確的位置。另外，像是靠著普通瘦身方式依然無法改變的問題，例如「再怎麼瘦還是改變不了Ｏ型腿」、「成功瘦下來了，但是下顎兩側往外凸出，臉看起來變得更大」等困擾，也都能夠迎刃而解，並不需要因為天生的骨骼狀態而自我放棄。詳細內容請參照Ｐ14～99。

　　另外，就算因為年紀增加，做不來激烈的肌肉訓練，跑步也跑不動，靠著肌肉排毒美體法還是可以獲得與運動相同的效果，所以年齡並不會妨礙我們變美麗。

　　就算「今天只想按壓肌肉」也沒問題！每天都給自己按摩一下，繼續堅持下去吧！

心靈
也一起排毒

　　進行肌肉排毒美體按摩，只是為了改變體質或體型嗎？不，肌肉排毒美體按摩的效果可不只如此。

　　隨著每一次的觸摸，我們的心靈也會跟著身體一起排毒。

　　肌肉排毒美體按摩之所以能為我們的心靈排毒，是因為在按摩的過程當中，我們要一直使用自己的雙手。按摩對於腦部的影響力，並不會與受力部位的面積或壓力成正比。簡單來說，不是一直刺激臀部、背部等大面積的部位就愈好，也不是愈用力按摩就愈好。

　　按摩若要對腦部造成影響，最重要的一點就是要去刺激「最容易把感覺傳達給大腦的部位」，而這個部位就是我們的雙手。

　　所以，當我們反覆地使用自己的雙手為身體按摩時，按摩帶來的刺激就更容易傳遞給腦部，於是我們便更容易感到心情愉悅。正因為按摩能使我們感到放鬆，才有助於心靈排毒。

　　「今天好煩啊……」當你這麼想的時候，就證明你的內心已經感到疲累了。這時就更應該用自己的雙手去觸摸自己的身體，好好渡過一段放鬆的時光。

最快只要3天
就能讓細胞再生。
一起努力吧！

　　在這本書的開頭（請參考P11）也說過，只要透過沿著肌肉走向的強力按摩，3天就可以讓細胞再生。不管是細胞還是肌肉、骨骼，都會不停地重生，直到我們死亡的那一刻為止。我們將這個過程稱為「重塑（remodeling）」。

　　舉例來說，肌肉細胞的重塑期至少需要3個月的時間。我們身體的新陳代謝從30歲過後就會開始變差，而肌肉細胞再生速度也會在30歲過後猛然下降，需要花費更長的時間才能完成一次的重塑期。隨著年紀愈大，細胞再生的速度也變得愈來愈慢。

　　正因為如此，我們才需要進行「肌肉排毒美體按摩」。按摩的力量能破壞老化的肌肉細胞，促使肌肉細胞縮短重塑期，所以通常至少需要3個月才能新生的身體細胞，經過按摩以後，最快只要3天左右就能再生。只要定期進行肌肉排毒美體按摩，不到3個月就可以讓身體內的肌肉細胞煥然一新！我們身體的肌肉細胞會隨著每一天的按摩而不停地重生。這麼一想，是不是自然而然覺得更有動力了呢？

速查表〔局部瘦身〕

| | *Step* ① 按壓凹窩 |

腰部
[P46]

- 鼠蹊部 （髂腰肌）[左右各3次]
- 心窩 （橫膈膜）[左右各3點×3次]

上腹部
[P48]

- 心窩 （橫膈膜）[左右各3點×3次]
- 鼠蹊部 （髂腰肌）[左右各3次]

下腹部
[P50]

- 臀部 （臀中肌、臀大肌、梨狀肌）[左右各3次]

後腰部
[P52]

- 心窩 （橫膈膜）[左右各3點×3次]

背部
[P54]

- 心窩 （橫膈膜）[左右各3點×3次]
- 腋窩前側 （胸大肌、胸小肌）[左右各3次]

上臂
[P56]

- 腋窩前側 （胸大肌、胸小肌）[左右各3次]

Step ② 揉捏肌肉	Step ③ 推壓肌肉
● 腹部兩側的贅肉 [10次]	● 腹部 腹直肌 [5次×2遍] ● 腹部兩側 腹斜肌 [左右各5次×2遍]
● 腹部的贅肉 [10次]	● 鼠蹊部 髂腰肌 [左右各5次×2遍]
● 腹部兩側的贅肉 [10次]	● 大腿後側 膕旁肌群 [左右各5次×2遍]
● 背部的贅肉 [10次]	● 腹部兩側 腹斜肌 [左右各5次×2遍]
● 背部的贅肉 [10次]	● 腋窩下方 肩胛下肌、前鋸肌 [左右各5次×2遍] ● 腹部 腹直肌 [5次×2遍]
● 上臂的贅肉 [左右各10次]	● 上臂內側 肱肌、肱二頭肌、喙肱肌 [左右各5次×2遍]

臀部 & 大腿
[P58]

● 鼠蹊部 髂腰肌 [左右各3次]

大腿內側
[P60]

● 鼠蹊部 髂腰肌 [左右各3次]

小腿肚
[P62]

● 膝窩 膕肌、蹠肌 [左右各3次]

梨形臉
[P66]

● 腋窩前側 胸大肌、胸小肌 [左右各3次]
● 嘴角 提口角肌 [3次]

方形臉
[P68]

● 下顎下方 二腹肌 [5秒×3次]
● 鎖骨 胸鎖乳突肌、斜角肌 [左右各3次]

圓臉
[P70]

● 鎖骨 胸鎖乳突肌、斜角肌 [左右各3次]
● 心窩 橫膈膜 [左右各3點×3次]
● 下顎下方 二腹肌 [5秒×3次]

Step ② 揉捏肌肉	*Step* ③ 推壓肌肉
● 臀部的贅肉［左右各10次］	● 大腿後側 [膕旁肌群] 　［左右各5次×2遍］
● 大腿內側的贅肉 　［左右各10次］	● 臀部 [闊筋膜張肌] 　［左右各5次×2遍］
● 阿基里斯腱的上方 　［左右各10次］	● 小腿肚 [比目魚肌、腓腸肌] 　［左右各5次×2遍］
● 鬆垮的下顎線條 　［左右各10次］ ● 鬆垮的嘴邊肉 　［左右各10次］	● 臉頰 [顴小肌、顴大肌] 　［5次×2遍］ ● 腮幫子 [咀嚼肌] 　［左右各5次×2遍］
● 鬆垮的嘴邊肉 　［左右各10次］	● 腮幫子 [咀嚼肌] 　［左右各5次×2遍］
● 臥蠶［左右各10次］ ● 鬆垮的嘴邊肉 　［左右各10次］ ● 鬆垮的下顎線條 　［左右各10次］	● 額頭 [額肌] ［5次×2遍］ ● 後頸上方 [枕下肌群] 　［5次×2遍］ ● 頭部兩側 [顳肌] ［來回5次］

速查表［雕塑全身曲線］

	Step 1 按壓凹窩

直筒型身材
[P80]

- 鎖骨 （胸鎖乳突肌、斜角肌） ［左右各3次］
- 腋窩前側 （胸大肌、胸小肌） ［左右各3次］
- 心窩 （橫膈膜） ［左右各3點×3次］
- 鼠蹊部 （髂腰肌） ［左右各3次］

駝背
[P84]

- 心窩 （橫膈膜） ［左右各3點×3次］
- 腋窩前側 （胸大肌、胸小肌） ［左右各3次］

骨盆前傾
[P84]

- 鼠蹊部 （髂腰肌） ［左右各3次］

西洋梨型身材
[P86]

- 心窩 （橫膈膜） ［左右各3點×3次］
- 臀部 （臀中肌、臀大肌、梨狀肌） ［左右各3次］

臀部下垂
[P90]

- 臀部 （臀中肌、臀大肌、梨狀肌） ［左右各3次］

Step 2 揉捏肌肉	*Step* 3 推壓肌肉
• 腹部兩側的贅肉 [10次] • 背部的贅肉 [10次]	• 腹部兩側 腹斜肌 　[左右各5次×2遍] • 腋窩下方 肩胛下肌、前鋸肌 　[左右各5次×2遍] • 腹部 腹直肌 [5次×2遍]
• 上腹部的贅肉 [10次]	• 腹部 腹直肌 [5次×2遍] • 腋窩下方 肩胛下肌、前鋸肌 　[左右各5次×2遍]
• 腹部兩側的贅肉 [10次]	• 大腿前側 股四頭肌 　[左右各5次×2遍]
• 腹部兩側的贅肉 [10次] • 大腿內側的贅肉 　[左右各10次]	• 大腿後側 膕旁肌群 　[左右各5次×2遍] • 腹部 腹直肌 [5次×2遍]
• 臀部的贅肉 [左右各10次]	• 大腿後側 膕旁肌群 　[左右各5次×2遍]

	Step 1 按壓凹窩

方形臀
[P90]

- 臀部 臀中肌、臀大肌、梨狀肌 [左右各3次]

蘋果型身材
[P92]

- 心窩 橫膈膜 [左右各3點×3次]
- 鼠蹊部 髂腰肌 [左右各3次]

O型腿
[P96]

- 臀部 臀中肌、臀大肌、梨狀肌 [左右各3次]
- 膝窩 膕肌、蹠肌 [左右各3次]

X型腿
[P100]

- 膝窩 膕肌、蹠肌 [左右各3次]
- 鼠蹊部 髂腰肌 [左右各3次]

XO型腿
[P102]

- 鼠蹊部 髂腰肌 [左右各3次]
- 膝窩 膕肌、蹠肌 [左右各3次]

Step ② 揉捏肌肉	*Step* ③ 推壓肌肉
●大腿內側的贅肉 ［左右各10次］ ●臀部的贅肉［左右各10次］	●大腿後側　膕旁肌群 ［左右各5次×2遍］ ●大腿內側　內收肌群 ［左右各5次×2遍］
●肚臍周圍的贅肉［10次］ ●腹部中央的贅肉［10次］	●腹部　腹直肌　［5次×2遍］ ●腹部兩側　腹斜肌 ［左右各5次×2遍］
●大腿內側的贅肉 ［左右各10次］ ●阿基里斯腱的上方 ［左右各10次］	●臀部　闊筋膜張肌 ［左右各5次×2遍］ ●小腿肚　比目魚肌、腓腸肌 ［左右各5次×2遍］
●大腿後側的贅肉 ［左右各10次］	●大腿內側　內收肌群 ［左右各5次×2遍］
●大腿後側的贅肉 ［左右各10次］	●大腿內側　內收肌群 ［左右各5次×2遍］ ●小腿肚　比目魚肌、腓腸肌 ［左右各5次×2遍］

改善身體的毛病

Step **1** 按壓凹窩

**❶ 腹部、
大腿的水腫**

- 心窩 横膈膜 ［左右各3點×3次］
- 鼠蹊部 髂腰肌 ［左右各3次］
- 膝窩 膕肌、蹠肌 ［左右各3次］

---

❷ 小腿肚的水腫

- 膝窩 膕肌、蹠肌 ［左右各3次］

---

❸ 上半身的水腫

- 心窩 横膈膜 ［左右各3點×3次］
- 腋窩前側 胸大肌、胸小肌 ［左右各3次］

---

❹ 頭痛

- 鎖骨 胸鎖乳突肌、斜角肌 ［左右各3次］

---

❺ 肩膀痠痛

- 鎖骨 胸鎖乳突肌、斜角肌 ［左右各3次］
- 腋窩前側 胸大肌、胸小肌 ［左右各3次］

Step **3** 推壓肌肉（不必做STEP②「揉捏肌肉」）

- 鼠蹊部 腸腰筋 ［左右各5次×2遍］
- 臀部 闊筋膜張肌 ［左右各5次×2遍］

- 小腿肚 比目魚肌、腓腸肌 ［左右各5次×2遍］

- 腋窩下方 肩胛下肌、前鋸肌 ［左右各5次×2遍］
- 頸部兩側 胸鎖乳突肌、斜角肌 ［左右各5次×2遍］

- 額頭 額肌 ［5次×2遍］
- 頸部上方 枕下肌群 ［5次×2遍］
- 頭部兩側 顳肌 ［來回5次］
- 腮幫子 咀嚼肌 ［左右各5次×2遍］

- 腋窩下方 肩胛下肌、前鋸肌 ［左右各5次×2遍］

❻ 坐姿時的腰痛
- 心窩 横膈膜 ［左右各3點×3次］
- 鼠蹊部 髂腰肌 ［左右各3次］

❼ 站姿時的腰痛
- 臀部 臀中肌、臀大肌、梨狀肌 ［左右各3次］
- 膝窩 膕肌、蹠肌 ［左右各3次］

❽ 膝蓋疼痛
- 膝窩 膕肌、蹠肌 ［左右各3次］

❾ 便祕
- 下顎下方 二腹肌 ［5秒×3次］
- 心窩 横膈膜 ［左右各3點×3次］
- 鼠蹊部 髂腰肌 ［左右各3次］

Step **3** 推壓肌肉（不必做STEP②「揉捏肌肉」）

● 腹部　腹直肌　[5次×2遍]

● 大腿後側　膕旁肌群　[左右各5次×2遍]

● 臀部　闊筋膜張肌　[左右各5次×2遍]
● 小腿肚　比目魚肌、腓腸肌　[左右各5次×2遍]
● 膝窩　膕肌、蹠肌　[左右各5次×2遍]

● 腹部　腹直肌　[5次×2遍]
● 腹部兩側　腹斜肌　[左右各5次×2遍]
● 腹部周圍　腸道肌肉　[5次×2遍]

我還有疑問！Q&A

應該要多用力按摩才好？一定要按照書上的次數嗎？
各位剛開始進行的時候，應該都會有許多疑問。
接著就來回答關於肌肉排毒美體法的各個小困惑。

Q 我不曉得該多用力按摩

A 剛開始覺得疼痛、後面覺得舒服的 力道才正確

　　如果只用「覺得很舒服」的力道，就無法帶給肌肉更深層的刺激。當肌肉僵硬緊繃的時候，正確的按摩力道應該是剛開始覺得疼痛，會不自覺地發出「好痛」的叫聲，但後來就會漸漸地覺得「這感覺真是舒服」。只要肌肉變柔軟了，我們就不容易感到疼痛，所以就算剛開始按摩覺得有點痛，在這份疼痛感轉變成舒服感之前，還是再繼續努力一下吧。

Q 按起來有點疼痛，
好像肌肉痠痛一樣

A 那就證明按摩確實對肌肉造成刺激

「肌肉排毒美體按摩」跟運動一樣，都會對肌肉造成刺激。有時按摩之後會出現如同肌肉痠痛一樣的症狀，就是因為一直以來很少使用的肌肉受到了刺激。而產生這種疼痛的感覺，也證明了我們的肌肉準確地受到刺激，所以以同樣的力道繼續按摩並無大礙。不過，假如一摸到肌肉就會覺得疼痛的話，那就避免繼續按摩該部位，直到該部位的肌肉疼痛感消除。

Q 捏脂肪好痛啊……

A 我們感到疼痛，是因為脂肪變得太大。一起努力讓脂肪愈來愈小吧

脂肪細胞變得愈大，就愈容易產生破壞細胞膜的疼痛物質。覺得按摩的部位真的很痛的話，就先以肌肉能承受的力道按摩，不必勉強自己要用力揉捏。透過持續揉捏肌肉讓脂肪細胞變小之後，就算再繼續使用相同的力道，我們也比較不會覺得疼痛，屆時我們的身材應該就會比之前更苗條了。

Q 一定要按照書上的
次數按摩嗎？

A 書上的按摩次數僅供參考。
想要按摩幾次都沒問題！

本書當中標示的按摩次數只是讓各位讀者能有個參考的依據，如果還想繼續的話，想按摩幾次都沒關係。假如要增加按摩次數的話，建議以STEP ①「按壓凹窩」→ STEP ②「揉捏肌肉」→ STEP ③「推壓肌肉」為一次循環，依此循環增加次數。花愈多時間反覆按摩，我們的肌肉就愈容易變柔軟，也愈容易放鬆下來。

Q 告訴我按摩的祕訣！

A 按摩時要沿著肌肉走向，
想像把肌肉裡的脂肪全部推出來

　　請參考本書附錄的肌肉分布圖，確認好肌肉走向之後，再開始進行按摩。尤其是步驟③的「推壓肌肉」，最重要的就是推壓時要與肌肉走向保持平行的方向。只要先透過肌肉分布圖確認好肌肉走向，再按照肌肉走向進行「推壓肌肉」的步驟，我們就可以有效率地刺激肌肉與肌肉內的脂肪。

Q 假如刺激的部位不夠精準，
會沒效果嗎？

A 即使未按摩到最正確的那一點，
經由按摩產生的刺激還是會到達
相連的肌肉

　　不過，按壓在正確的位置上，才會得到更好的效果。請各位一邊照鏡子，一邊利用肌肉分布圖對照自己身上的肌肉，用眼睛與雙手正確地找出應該要刺激的肌肉之後，再開始按摩吧。

Q 可以隔著衣物按摩嗎？

A 可以，但如果想要獲得更好的
效果，就要直接按摩肌膚

　　隔著衣物並不妨礙進行按摩，但手指若能直接觸摸肌膚，專注地按摩身上的肌肉，才會產生更好的效果。因此，最佳的按摩時機，其實就是沐浴時間。另外，身體變得暖呼呼之後，按摩的效果會更加明顯，而且身上抹了沐浴乳之後，還會讓肌膚變得相當光滑，更方便用雙手去按摩肌肉。若是能夠養成一邊洗澡一邊按摩的習慣，一定很不錯！

Q SETP③「推壓肌肉」做得很不順利

A 配合使用臉部／身體乳液或凝露

進行SETP③「推壓肌肉」的時候，可以先在臉部與身體分別塗上臉部或身體專用的乳液或凝露，增加手部肌膚的潤滑度之後，再來進行按摩。按摩也會提升肌膚對於保養品的吸收力，建議可以使用保濕型的乳液或凝露。

Q 孕期或生理期也可以做嗎？

A 生理期沒問題；如有懷孕，請先向醫生諮詢

有些人透過按摩改善血液循環，讓全身溫暖起來之後，便緩解了生理痛的問題，也有人透過按摩舒緩水腫造成的不適，所以生理期進行肌肉排毒美體按摩是沒問題的（但切勿勉強進行）。每個人的孕期狀態可能會有很大的差異，如果要進行按摩的話，請先向醫生或專業人員諮詢。

Q 開始做「肌肉排毒美體法」之後，就可以不做運動了嗎？

A 假如持續運動是為了抒發壓力或提振精神，那就請繼續維持運動

不過，如果是為了減肥、雕塑身體曲線，才勉強自己做不想做的運動，那麼不再繼續運動也無妨。「肌肉排毒美體法」跟運動一樣都會刺激身體的肌肉，所以也就不需要進行那麼激烈的運動。

Q 需要多久才能看到效果？

A 水腫只要1次，
肚子肥肉需要1～2星期，
體重下降需要1個月左右

只要放鬆臉部、雙腿等容易水腫的部位，僅需進行1次的肌肉排毒美體按摩就能明顯消除水腫。腹部周圍的贅肉需要1～2個星期才能見效，而體重要產生變化則需要1個月以上的時間。與其斤斤計較體重機上的數字，不如看看鏡子裡的自己，感受體型改變所帶來的快樂吧。

Q 按摩之後反而覺得更疲累

A 也許是肩膀或手太用力了

心裡想著「必須用力刺激肌肉才行」，結果手臂跟肩膀都太過用力，這樣反而可能造成肩膀痠痛。按摩之後反而更疲累的話，那就是身體在警告我們用力過猛了。請試著讓肩膀不要出力，把身體的重量都放在雙手的手掌上，再進行按摩。想像一下用全身的力量去按摩，不要只靠手臂的力量。

Q 可以同時進行不同部位的
按摩嗎？

A 當然沒問題！
這樣做還有相乘效果

各位可以從局部瘦身計畫（P46～）、雕塑全身曲線計畫（P80～）、改善身體不適的按摩（P116～）當中，選擇任何一項按摩來做，就算想要多做幾個按摩計畫也沒問題。如果有重複按摩的部位，也可以做一次就好。

Q 我做了美甲，
沒辦法好好施力

A 試著握拳，或戴上塑膠手套

　　當指甲太長，或做了美甲等等，恐怕會在按摩的過程中弄傷了肌膚。如有這樣的情況，請試著將手握拳，以中指的第二關節按摩肌肉，也可以戴上塑膠手套，並配合沐浴乳或身體乳液進行按摩。作者也有開發相關的按摩產品。

Q 用力按摩感覺好可怕啊……

A 請各位放心，按摩既不會傷到肌肉，也不會傷到血管

　　按摩雖然會破壞細如髮絲的肌肉組成纖維（肌纖維），但這是為了使身體再生柔軟肌肉的必要過程，所以各位大可放心。自己再怎麼用力按摩，力道終究有極限，所以不必擔心弄破血管，也不必擔心弄傷肌肉。

Q 皮膚出現瘀青。
真的沒問題嗎？

A 也許是按壓的力道太強了

　　按得太大力的話，還是有可能造成瘀青，所以按摩的時候如果一直覺得很疼痛的話，那就稍微放輕力道吧。剛開始按摩一定會覺得有點痛，但反覆多按幾次之後，疼痛感還是沒有消失，不覺得舒服的話，那可能就是力道太大。不必勉強，斟酌一下力道吧。

後記

非常謝謝您讀完這本書。

自本書的前身《瘦身按摩大全》（暫譯）出版以來，已經過了5年的時光，而肌肉排毒美體法也有了相當大的進步。我開設的美體沙龍也引進了用於肌肉排毒的新型美容儀器，受到許多顧客的好評。儘管如此，我們並未因此滿足於目前的技術。我與沙龍院內的美容人員共同致力於提升肌肉排毒美體按摩的技術，每一天都在不停地摸索，希望找出讓更多人變得美麗又健康的方法。

但不論肌肉排毒美體法的技術如何進步，有一項事實永遠不會改變的，那就是日積月累的努力可以改變身上的肌肉，促使細胞再生，讓自己從內而外煥然一新。我想，一定也有人覺得每天都要自己按摩是一件很麻煩、很累人的事情，但那怕只做按摩三步驟當中的「按壓凹窩」也好，還是希望您嘗試讓肌肉排毒美體按摩法成為您生活中的一部分。

就算體型沒有立刻出現顯而易見的改變，但您應該可以感覺得到肩膀不再那麼痠痛，水腫不再那麼嚴重，也應該發現自己睡得更好了吧？這全部都是我們的身體狀況正在改變。感受著這些小小的改變，持續進行身體按摩，我們的身體一定會變得不一樣！

希望這一本書能夠助您一臂之力，為您的身體與心靈帶來美好的小改變。

小野晴康

小野晴康

美體沙龍Sorridente南青山代表。物理治療師、輔具技師、柔道復健師。根據物理治療的理論及技術，開創全新的按摩方式「肌肉排毒美體法」。擔任諸多知名人物的身體保養諮詢顧問，技術有口皆碑。現致力於指導後輩，今後亦預定於日本全國各地開設美體沙龍。著作有《專攻腰腹臀腿！深層肌顆粒按摩瘦身法》（瑞麗美人國際媒體出版）、《ミオドレ式UFOブラシダイエット》（ONE PUBLISHING出版）等等。

STAFF

攝影╱布川航太
髮型＆化妝╱中山夏子
Modle╱寸田加奈繪
插畫╱えなみかなお(asterisk)
肌肉圖╱迫田千潤(BACKBONEWORKS)
裝幀╱坂川朱音(朱猫堂)
本文設計╱池田和子(胡桃ヶ谷デザイン室)
構成・文字╱山本美和

Special thanks

太田 修斗　　野崎 信行
加瀬 瞳　　　波田野 征美
清水 直之　　原田 麻希
瀬川 留伊　　原田 芽玖
中西 正軌

「肥壯肌」退散！
肌肉排毒美體法

出　　　版╱楓葉社文化事業有限公司
地　　　址╱新北市板橋區信義路163巷3號10樓
郵 政 劃 撥╱19907596　楓書坊文化出版社
網　　　址╱www.maplebook.com.tw
電　　　話╱02-2957-6096
傳　　　真╱02-2957-6435
作　　　者╱小野晴康
翻　　　譯╱胡毓華
責 任 編 輯╱王綺
內 文 排 版╱楊亞容
校　　　對╱邱怡嘉
港 澳 經 銷╱泛華發行代理有限公司
定　　　價╱320元
初 版 日 期╱2022年10月

國家圖書館出版品預行編目資料

「肥壯肌」退散！肌肉排毒美體法／小野晴康作；胡毓華譯. -- 初版. -- 新北市：楓葉社文化事業有限公司, 2022.10　面；公分

ISBN 978-986-370-460-7（平裝）

1. 塑身 2. 按摩

425.2　　　　　　　　　111012300